Peer Schmidt

Allgemeine Chemie II

Chemische Bindungen I

Prof. Dr. Peer Schmidt
Brandenburgische Technische Universität Cottbus Senftenberg
Fakultät für Naturwissenschaften

ISBN 978-3-662-47516-4   ISBN 978-3-662-47517-1 (eBook)

Die Deutsche Nationalbibliothek verzeichnet diese Publikation in der Deutschen Nationalbibliografie;
detaillierte bibliografische Daten sind im Internet über http://dnb.d-nb.de abrufbar.

Springer
© Springer-Verlag Berlin Heidelberg 2015

Planung: Dr. Doreen Pietzsch

Gedruckt auf säurefreiem und chlorfrei gebleichtem Papier.

Springer-Verlag GmbH Berlin Heidelberg ist Teil der Fachverlagsgruppe Springer
Science+Business Media
(www.springer.com)

Inhaltsverzeichnis

Voraussetzungen

Liebe Studierende!

Im folgenden Abschnitt beschäftigen wir uns mit den Prinzipien der chemischen Bindung in den Metallen und in Ionenkristallen. Die Eigenschaften von Atomsorten in der chemischen Bindung lassen sich maßgeblich aus der Stellung der Elemente im Periodensystem ableiten. Sie sollten daher bereits ein grundlegendes Verständnis für den Aufbau des Periodensystems mitbringen. Nach Abschluss des vorhergehenden Abschnitts können wir voraussetzen, dass Sie die Elemente im Periodensystem identifizieren und aufgrund ihrer Stellung im PSE die Elektronenkonfiguration ermitteln können.

Kennnisse zu den charakteristischen Größen der Ionisierungsenergie und der Elektronenaffinität helfen Ihnen, den Begriff der Elektronegativität zu verstehen und sinnvoll zur Beurteilung der Eigenschaften der Elemente in einer chemischen Bindung einzusetzen.

Folgende Begriffe und Konzepte sollten sie sicher beherrschen:

- Atom
- Molekül
- Kation
- Anion
- Hauptgruppenelement
- Nebengruppenelement
- Verbindung
- Elektronen
- Elektronenkonfiguration
- Koordinationszahl
- Polyeder
- Ionenradius
- Kovalenzradius

Lernziele

2

In diesem Abschnitt des Moduls „Allgemeine Chemie" werden wir uns mit dem Wesen der chemischen Bindung in Metallen und Ionenkristallen beschäftigen.

Im Folgenden lernen Sie die Grundtypen der chemischen Bindung kennen. Wir werden erkennen, dass die chemische Bindung von Atomen und Ionen bzw. geladenen oder ungeladenen Molekülen im Wesentlichen auf der Wechselwirkung der Elektronenschalen der Atome der beteiligten Elemente beruht. Haben Sie bisher eventuell den Eindruck gewonnen, dass die Typen der chemischen Bindung klar abgegrenzt werden können in ionische Bindungen salzartiger Stoffe und kovalente Bindungen von Feststoffen und Molekülverbindungen oder in metallische Bindungen? Lassen Sie uns Informationen sammeln, die es erlauben, ein kontinuierliches Spektrum der Bindungsarten zu beschreiben, innerhalb dessen uns die Grenztypen der chemischen Bindung konzeptionelle Anhaltspunkte geben.

Sie sollen das Konzept der Elektronegativität kennenlernen und mithilfe der Periodizität dieser charakteristischen Größe verlässliche Voraussagen zum Bindungsverhalten der Elemente treffen.

Dieser Studienbrief folgt den inhaltlichen Schwerpunkten der Kapitel zur Allgemeinen Chemie (Kapitel 4–6) in der dritten (aktualisierten) Auflage des ▶ Binnewies. In komprimierter Form werden hier wesentliche Inhalte zur chemischen Bindung in Metallen und Ionenkristallen vorgestellt. Vertiefende Diskussionen, ergänzende Informationen, beispielsweise zu berühmten Persönlichkeiten, Exkurse zu aktuellen Themen in Wissenschaft und Technik sowie viele grafische Abbildungen finden Sie bei der Lektüre des Lehrbuches.

Binnewies, Allgemeine und Anorganische Chemie, Kap. 4, 5, 6

In überaus kompakter Form finden Sie eine Übersicht zu den Schwerpunkten dieses Lehrbriefes im ▶ Latscha, Allgemeine Chemie, Basis-Wissen 1, Kap. 5. Das Buch präsentiert stichpunktartig das Basiswissen eines Chemikers. Diese Punkte können Ihnen bei der Wiederholung des Lernstoffes und bei der systematischen Prüfungsvorbereitung hilfreich sein.

Atombau und Chemische Bindung

3.1 Überblick über die Bindungskonzepte

Wir haben bereits einiges über den Atombau kennengelernt. Die Charakterisierung der Elemente nach ihrer Ordnungszahl und der Elektronenkonfiguration dient jedoch nicht nur der sturen Einordnung in das Periodensystem. Vielmehr erkennen wir aus der Einteilung in die Gruppen des Periodensystems, dass sich viele Eigenschaften im chemischen Verhalten der Stoffe wiederholen. Die Beobachtung dieser typischen Eigenschaften gibt uns einen Anhaltspunkt, dass die Art der chemischen Bindung zwischen Atomen in irgendeiner Weise durch die Anzahl der äußeren Elektronen bestimmt ist, wie ja auch die Gruppeneinteilung anhand der Struktur der Valenzschale erfolgt. So finden wir bei den Elementen der Gruppe 1 (den Alkalimetallen) typische Strukturen der Metalle, während die Elemente der Gruppe 17 (die Halogene) Moleküle bilden, die über das Molekül hinaus geringe Wechselwirkungen zeigen. Sie sind bei Raumtemperatur gasförmig (Fluor, Chlor) oder flüssig (Brom). Selbst das feste Iod ist bei Raumtemperatur schon leicht flüchtig. Die Elemente der Gruppe 14 sind wie die Elemente der Gruppe 1 bei Raumtemperatur fest, bilden aber ganz andere Strukturen aus.

Bei der Bildung von Verbindungen dieser Elemente verändern sich die Stoffeigenschaften außerordentlich: Das gasförmige Chlor reagiert mit dem weichen Metall Natrium zu einer sehr stabilen, ziemlich harten Verbindung – dem Natriumchlorid, NaCl. Im Gegensatz dazu reagiert Chlor mit dem sehr stabilen und harten Silicium zu einer flüchtigen Verbindung $SiCl_4$ – Silicium(IV)-chlorid. Wir entdecken aber auch hierin periodische Eigenschaften: Alle Alkalimetalle reagieren mit den Halogenen prinzipiell unter Bildung von salzartigen Verbindungen mit der Zusammensetzung MX. Die Elemente der Gruppe 14 reagieren mit den Halogenen dagegen (fast) immer unter Bildung von Molekülverbindungen mit der Zusammensetzung MX_4, Zinn und Blei können darüber hinaus auch Verbindungen MX_2 bilden.

Lassen Sie uns zunächst einen kurzen Ausblick auf verschiedene Bindungskonzepte nehmen. Diese kurze Diskussion wird Ihnen helfen, im folgenden Abschnitt Querbezüge und Vergleiche zu Bindungskonzepten, die erst später vorgestellt werden, besser zu verstehen. Achten Sie dabei stets auf die unterschiedlichen Wechselwirkungen der Valenzelektronen zwischen den Bindungspartnern. Einige der verwendeten Begriffe und Konzepte kennen Sie bereits aus der Schule oder Ihrer bisherigen beruflichen Ausbildung. Der folgende kurze Überblick erlaubt Ihnen, das Wissen zu reaktivieren und für die nächsten Kapitel präsent zu halten.

Ionenbindung

> ❶ Die Bildung von Verbindungen mit Ionenkristallen beruht auf elektrostatischen Anziehungskräften von Teilchen mit gegensätzlichen Ladungen. Die positiv geladenen Teilchen – Kationen – und negativ geladenen Teilchen – Anionen – entstehen durch Übertragung von Elektronen.

Die Vorstellung, dass innerhalb einer chemischen Verbindung geladene Teilchen miteinander in Wechselwirkung treten, ist für uns heute einleuchtend. Bevor allerdings der Atombau und die Existenz von Elementarteilchen bekannt waren, galt es als sicher, dass Atome nicht weiter veränderbar sind. Alle chemischen Verbindungen hätten demnach nur aus einer variablen Kombination von Atomen bestehen können.

1884 gab Svante Arrhenius eine Erklärung für das Phänomen der Löslichkeit von Salzen in Wasser und die Veränderung der elektrischen Leitfähigkeit in diesen Lösungen. Er behauptete, dass Natriumchlorid in Lösung in Natrium-Ionen und Chlorid-Ionen zerfällt, dass diese Teilchen jedoch nicht dasselbe seien wie Natrium-Atome und Chlor-Atome. Ihren Eigenschaften waren völlig unterschiedlich: Natrium war im gelösten Zustand nicht reaktiv und metallisch, Chlor war in dem Salz nicht grün und toxisch. Seine *Theorie der elektrolytischen Dissoziation* wurde bis zur Entdeckung des Elektrons 1897 durch J. J. Thomson nur zögerlich anerkannt. Arrhenius erhielt schließlich 1903 den Nobelpreis für Chemie, Thomson 1906 den Nobelpreis für Physik.

Das Prinzip der chemischen Bindung in *festen Ionenkristallen* wurde um 1916 von Walter Kossel, einem deutschen Physiker, formuliert (▶ Binnewies, Kap. 4).

Binnewies, Kap. 4

Kovalente Bindung

> ❶ In den meisten chemischen Verbindungen werden die Elektronen nicht vollständig von einem Bindungspartner auf den anderen übertragen. Die Atome werden durch gemeinsame Elektronenpaare zusammengehalten. Die Wechselwirkung der Elektronen wird heute anschaulich mithilfe der Molekülorbitaltheorie beschrieben.

Nachdem zu Beginn des 20. Jahrhunderts grundlegende Informationen über die Elementarteilchen und den Atombau bekannt waren, schlossen sich Untersuchungen zum Einfluss der Elektronenhülle bei der Verknüpfung von Atomen zu Molekülen an. Etwa 1916 entwickelten Gilbert N. Lewis und Irving Langmuir unabhängig voneinander die „Oktett-Theorie" der Valenzelektronen. Lewis schlug vor, sich die Außenelektronen eines Atoms in den Ecken eines imaginären Würfels um den Atomkern vorzustellen. Ein Atom mit weniger als acht Elektronen auf den Ecken des Würfels sollte nach diesem Modell gemeinsame Würfelkanten mit einem anderen Atom haben, um ein Oktett zu erreichen. Aus der Betrachtung der gemeinsamen Würfelkanten wurde das auch heute noch akzeptierte Konzept der gemeinsamen Elektronenpaare. Zur Darstellung der Bindung und der Struktur von Molekülen verwenden wir die Schreibweise der Valenzstrichformeln (oder auch Lewis-Formeln). In den Formeln wird die Verknüpfung von Atomen durch Bindungsstriche dargestellt, die jeweils ein Elektronenpaar symbolisieren (▶ Binnewies, Kap. 5).

Binnewies, Kap. 5

Metallische Bindung

- Die Anordnung der Atome im Metallgitter kann als eine Packung starrer Kugeln betrachtet werden, wie sie auch bei ionischen Verbindungen vorkommt. In einer sehr einfachen Betrachtungsweise kann man sich dieses Metallgitter aus positiv geladenen Metallatomrümpfen und einem frei beweglichen Elektronengas vorstellen.
- Die Bindung in Metallen lässt sich genauer anhand der Molekülorbitaltheorie erklären, aus der Anwendung der MO-Theorie folgt die Ableitung des Bändermodells für Metalle und Halbleiterstoffe.

Lange bevor der mikroskopische Aufbau von Stoffen aufgeklärt werden konnte, haben sich die Menschen mit deren makroskopischen Eigenschaften beschäftigt. Bereits in der griechischen Antike war die Erscheinung von elektrischen Aufladungen (z. B. durch Reiben von Bernstein) bekannt, ohne dass man eine Erklärung dafür geben konnte (griech. *elektron* = Bernstein). Bereits Anfang des 19. Jahrhunderts nutzte Humphry Davy die Elektrolyse für die Herstellung von Elementen, ohne genau zu wissen, dass bei den Reaktionen Elektronen übertragen werden. 1900 formulierte schließlich Paul Drude eine Theorie über die Elektronen in Metallen. Demnach wird der elektrische Widerstand durch Kollision der Leitungselektronen („Elektronengas") mit den als starr angenommenen Atomrümpfen verursacht. Dabei beschrieb er auch die Korrelation von elektrischer und thermischer Leitfähigkeit durch die Bewegung der Elektronen im Metall.

Metall-Atome teilen also ihre Außenelektronen mit *allen* anderen Atomen – im Gegensatz zu den Nichtmetallen, bei denen die Valenzelektronen überwiegend jeweils zwischen zwei Atomen lokalisiert sind. Einige charakteristische Eigenschaften kann man schon mit diesem einfachen Modell erklären: Die gute elektrische und thermische Leitfähigkeit von Metallen sowie ihr hohes Reflexionsvermögen werden durch die die freie Beweglichkeit der Elektronen im Metallgitter verursacht. Die Bindungen im Metall sind nicht gerichtet, sodass die Atome leicht aneinander vorbei gleiten und neue metallische Bindungen bilden können. Das erklärt die gute Form- und Dehnbarkeit der meisten Metalle (▶ Binnewies, Kap. 6).

Binnewies, Kap. 6

3.2 Elektronegativität

Wenn wir darüber sprechen, dass in einer chemischen Bindung Elektronen aufgenommen oder abgegeben beziehungsweise von Atomen unterschiedlich stark angezogen werden, brauchen wir die Möglichkeit einer Differenzierung der Elemente hinsichtlich ihrer Fähigkeit zur Wechselwirkung mit den Elektronen des Bindungspartners. Wir haben bereits ausführlich diskutiert, dass die Bildung von Ionen energetisch beschrieben werden kann. Bei der Bildung von positiv geladenen Kationen wird die Ionisierungsenergie aufgebracht. Die Bildung negativ geladener Anionen durch Anziehung von Elektronen wird mit der Elektronenaffinität beschrieben. Diese Werte alleine helfen uns noch nicht weiter: So hat Natrium zwar eine negative Elektronenaffinität (verbunden mit einem Energiegewinn) und eine positive Ionisierungsenergie (verbunden mit Energieaufwand), trotzdem liegt in einem Natriumchlorid-Kristall ein Na^+-Kation vor. Allerdings erkennen wir schon, dass das Chlor-Atom eine deutlich höhere Elektronenaffinität als das Natrium-Atom hat und die Elektronen also offensichtlich stärker anzieht.

Zur Erklärung ziehen wir ein Konzept heran, das 1932 durch Linus Pauling populär gemacht wurde: die **Elektronegativität**. Linus Pauling erhielt 1954 den Nobelpries für Chemie für seine Arbeiten zur Natur der chemischen Bindung.

❶

- Die Elektronegativität ist die Fähigkeit eines Atoms, innerhalb einer chemischen Bindung Elektronen anzuziehen. Die unterschiedliche Anziehung von Bindungselektronen spiegelt die unterschiedlichen effektiven Ladungen wider, die von beiden Kernen aus auf die Elektronen wirken.
- Die Elektronegativität (Formelzeichen χ, *chi*) stellt einen relativen Wert dar. Der Wert der Elektronegativität ist nicht experimentell bestimmbar, er wird über verschiedene Modelle berechnet.

Elektronegativitätswerte nach Pauling

Um die Elektronegativität mit Zahlenwerten quantifizieren zu können, betrachtete Pauling zunächst eine Reihe von einfachen Reaktionen zur Bildung von heteroatomaren Molekülen:

$$1/2 \; A_2 + 1/2 \; B_2 \rightarrow AB$$

Wenn die chemische Bindung im Molekül AB rein kovalent ist wie in den Molekülen A_2 und B_2, sollte sich an der Funktion der bindenden Elektronenpaare wenig ändern. Die Bindungsenergie (ΔH^0_B) von AB müsste dann dem Mittelwert aus den Bindungsenergien von A_2 und B_2 entsprechen. Ist die Bindungsenergie von AB jedoch größer, so bedeutet das nach Pauling einen zusätzlichen ionischen Anteil an der Bindung, der durch die unterschiedlichen Elektronegativitäten von A und B verursacht wird. Eine große Differenz Δ zwischen der Bindungsenergie im AB-Molekül und dem arithmetischen Mittelwert der Bindungsenergien in A_2 und B_2 weist damit auch auf eine große Differenz der Elektronegativitäten hin.

$$\Delta = \Delta H^0_B(AB) - 1/2 \; (\Delta H^0_B(A_2) + \Delta H^0_B(B_2))$$

Für die Reaktionen der Halogene zur Bildung der Halogenwasserstoff-Verbindungen erkennt man deutliche Unterschiede für den Δ-Wert, ⊛ Tab. 3.1.

Tab. 3.1 Bindungsenergien (ΔH^0_B) homoatomarer und heteroatomarer zweiatomiger Moleküle als Grundlage der Pauling'schen Elektronegativitätsskala für die Reaktion: $1/2 \; H_2 + 1/2 \; X_2 \rightarrow HX$; X = Halogen, Werte jeweils in $kJ \cdot mol^{-1}$

Verbin-dung	Bindungsenergie des Moleküls AB (HX)	Bindungsenergie des Moleküls A_2 (H_2)	Bindungsenergie des Moleküls B_2 (X_2)	Diffe-renz Δ	Elektrone-gativitäts-differenz
HF	570	436	159	273	1,7
HCl	432	436	243	92	1,0
HBr	366	436	193	51	0,8
HI	298	436	151	5	0,5

Pauling setzte schließlich die Differenz der Bindungsenergien in Beziehung zu den Elektronegativitäten. (Der Faktor 96 ist (näherungsweise) der Umrechnungsfaktor zwischen $kJ \cdot mol^{-1}$ und eV.)

$$\Delta = 96 \cdot (\chi_A - \chi_B)^2$$

Weil mit der Pauling'schen Formel zunächst nur Differenzen der Elektronegativitäten berechnet werden konnten, wurde ein Bezugswert benötigt, mit dessen Hilfe sich alle weiteren Elektronegativitäten berechnen ließen. Das Fluor-Atom zieht Elektronen am stärksten an, Pauling setzte dessen Elektronegativität willkürlich auf den Wert 4,0. Alle anderen Ele-

mente haben niedrigere Werte der Elektronegativität, Caesium weist mit 0,7 den kleinsten Wert auf. Für die Berechnung der Werte wurde das arithmetische Mittel später durch das geometrische Mittel ersetzt, diese Werte sind heute in den Tabellen aufgenommen, vgl. ⊚ Tab. 3.2 und ⊚ Tab. 3.3.

$$\Delta = \Delta H^0_B(AB) - \sqrt{\Delta H^0_B(A_2) \cdot \Delta H^0_B(B_2)}$$

Mit den in ⊚ Tab. 3.1 gegebenen Werten kann man beispielsweise die Reaktion zur Bildung von Fluorwasserstoff beschreiben, die Werte für die Elektronegativität von Wasserstoff unterscheiden sich nach den beiden Rechenmethoden nur gering voneinander.

$$\Delta_1 = \Delta H^0_B(HF) - 1/2\,(\Delta H^0_B(H_2) + \Delta H^0_B(F_2)) = 272\,\text{kJ} \cdot \text{mol}^{-1}$$

$$\Delta_1 = 272\,\text{kJ} \cdot \text{mol}^{-1} = 96 \cdot (\chi_F - \chi_H)^2$$

$$(\chi_F - \chi_H) = 1{,}7 \Rightarrow \chi_H = 2{,}3$$

$$\Delta_2 = \Delta H^0_B(HF) - \sqrt{\Delta H^0_B(H_2) \cdot \Delta H^0_B(F_2)} = 307\,\text{kJ} \cdot \text{mol}^{-1}$$

$$\Delta_2 = 307\,\text{kJ} \cdot \text{mol}^{-1} = 96 \cdot (\chi_F - \chi_H)^2$$

$$(\chi_F - \chi_H) = 1{,}8 \Rightarrow \chi_H = 2{,}2$$

Die Werte der Elektronegativität der Elemente zeigen einen eindeutigen, periodischen Trend: Innerhalb einer Periode steigt die Elektronegativität von links nach rechts an, die Elemente der Gruppe 17 haben jeweils die höchsten Werte ihrer Perioden. Innerhalb einer Gruppe nimmt die Elektronegativität von oben nach unten ab, die Elemente der zweiten Periode haben jeweils die höchsten Werte (vgl. ⊚ Tab. 3.2, ⊚ Abb. 3.1)

Elektronegativitätswerte nach Allred und Rochow

Obwohl das Pauling'sche Konzept keinen direkten physikalischen Ursprung hat, wurde es weltweit angewendet. Eine andere, von A. L. Allred und E. G. Rochow 1958 vorgeschlagene Skala der Elektronegativitäten basiert dagegen auf einer physikalischen Grundlage. Als Maß für die Anziehung eines Valenzelektrons wird die auf dieses Elektron vom Atomkern aus wirkende Coulomb-Kraft F_C verwendet. Die effektive Kernladung Z_{eff} berücksichtigt dabei die Abschirmung der Anziehungskraft der Protonen im Kern durch Elektronen auf kernnahen Schalen (Z_{eff} = effektive Kernladungszahl; r = Atomradius).

$$\chi \sim F_C \sim \frac{Z_{eff}}{r^2}$$

Ein Vergleich der Werte mit der Pauling'schen Skala wird durch Einführung eines empirischen Proportionalitätsfaktors und eines Korrekturwerts möglich. Auf diese Weise werden nahezu identische Werte über die beiden verschiedenen Ansätze erhalten.

$$\chi = 3590 \cdot \frac{Z_{eff}}{r^2} + 0{,}744$$

Elektronegativitätswerte nach Mulliken

Wenn man einen physikalischen Hintergrund für die Ermittlung der Elektronegativitätswerte sucht, erscheint es geradezu logisch, dass man die Stärke der Anziehung der Elektronen in einer chemischen Bindung unmittelbar mit der ersten Ionisierungsenergie und der Elektronenaffinität der Atome in Beziehung stellt. Diese beiden Werte drücken zahlenmäßig die Bereitschaft eines Atoms aus, Elektronen abzugeben bzw. aufzunehmen. Robert S. Mulliken stellte diesen Ansatz 1934 vor. 1966 erhielt Mulliken für seine Leistungen zur chemischen Bindung und Elektronenstruktur der Moleküle den Nobelpreis für Chemie.

Die Elektronegativität ergibt sich nach Mulliken aus der Differenz der beiden charakteristischen Energien:

$$\chi_{abs} = \frac{(E_{ion} - E_{ea})}{2}$$

Auf diese Weise ergeben sich absolute Werte, die mit den in der Pauling'schen Skala angegebenen Werten nicht übereinstimmen. Um eine bessere Vergleichbarkeit zu schaffen, gibt es eine modifizierte Berechnung auf der Basis der Ionisierungsenergie und der Elektronenaffinität zu Bestimmung einer **relativen Elektronegativität**: Man muss hierbei beachten, dass in diese Rechnung nicht die Elektronenaffinität und die Ionisierungsenergie des Grundzustandes der Atome eingehen, sondern deren Werte für die jeweiligen Orbitalenergien.

$$\chi_{rel} = 0{,}168\,(E_{Ion} - E_{Ea}\,[eV]) - 0{,}207$$

Für das Wasserstoffatom erhält man einen Wert von:

$$\chi_{re} = 0{,}168\,(13{,}60\,eV - (-0{,}76\,eV)) - 0{,}207$$

$$\chi_{re} = 2{,}2$$

Da zuverlässige Werte für die Elektronenaffinitäten vieler Atome erst in den letzten Jahrzehnten ermittelt wurden, blieb der Satz von Elektronegativitätswerten nach Mulliken über lange Zeit unvollständig. In ⊚ Tab. 3.2 sind Elektronegativitätswerte nach Pauling, Allred-Rochow und Mulliken für die Hauptgruppenelemente aufgeführt. Elektronegativitätswerte der Nebengruppenelemente enthält ⊚ Tab. 3.3, ⊚ Abb. 3.1 zeigt den Verlauf innerhalb der Perioden. Im ▶ Binnewies wird die Elektronegativität in Abschn. 5.7 behandelt.

Binnewies, Abschn. 5.7

Tab. 3.2 Elektronegativitätswerte der Hauptgruppenelemente nach Pauling (oben), Allred-Rochow (Mitte), Mulliken (unten)

H						
2,2						
2,2						
2,1						
Li	**Be**	**B**	**C**	**N**	**O**	**F**
1,0	1,6	2,0	2,5	3,0	3,4	4,0
1,0	1,5	2,0	2,5	3,0	3,5	4,1
1,3	2,0	1,8	2,7	3,1	3,2	4,4
Na	**Mg**	**Al**	**Si**	**P**	**S**	**Cl**
0,9	1,3	1,6	1,9	2,2	2,6	3,2
1,0	1,2	1,5	1,7	2,1	2,4	2,8
1,2	1,6	1,4	2,0	2,4	2,6	3,5
K	**Ca**	**Ga**	**Ge**	**As**	**Se**	**Br**
0,8	1,0	1,8	2,0	2,2	2,6	3,0
0,9	1,0	1,8	2,2	2,2	2,5	2,7
1,0	1,3	1,3	2,0	2,3	2,5	3,2
Rb	**Sr**	**In**	**Sn**	**Sb**	**Te**	**I**
0,8	1,0	1,8	2,0	2,0	2,1	2,7
0,9	1,0	1,5	1,7	1,8	2,0	2,2
1,0	1,2	–	1,8	–	2,3	2,9
Cs	**Ba**	**Tl**	**Pb**	**Bi**		
0,8	0,9	1,8	1,8	1,9		
0,9	1,0	1,4	1,5	1,7		
–	–	–	–	–		

Tab. 3.3 Elektronegativitätswerte der Nebengruppenelemente nach Pauling (oben) und Allred-Rochow (unten)

Sc	Ti	V	Cr	Mn	Fe	Co	Ni	Cu	Zn
1,4	1,5	1,6	1,7	1,6	1,8	1,9	1,9	1,9	1,7
1,2	1,3	1,4	1,6	1,6	1,6	1,7	1,8	1,8	1,7
Y	**Zr**	**Nb**	**Mo**	**Tc**	**Ru**	**Rh**	**Pd**	**Ag**	**Cd**
1,2	1,3	1,6	2,2	1,9	2,2	2,3	2,2	1,9	1,7
1,1	1,2	1,2	1,3	1,4	1,4	1,5	1,3	1,4	1,5
La	**Hf**	**Ta**	**W**	**Re**	**Os**	**Ir**	**Pt**	**Au**	**Hg**
1,1	1,3	1,5	2,4	1,9	2,2	2,2	2,2	2,4	1,9
1,1	1,2	1,3	1,4	1,5	1,5	1,5	1,4	1,4	1,4

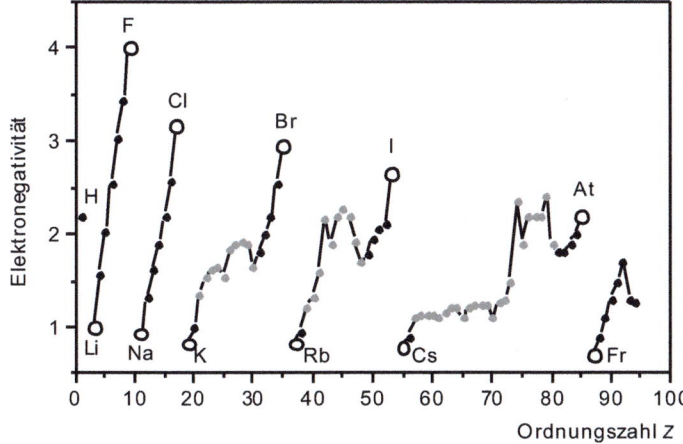

Abb. 3.1 Periodischer Verlauf der Elektronegativitäten der Elemente (nach Pauling); offene Kreise: Maxima der Elektronegativität bei den Elementen der Gruppe 17, Minima bei den Elementen der Gruppe 1; schwarz: Hauptgruppenelemente; grau: Nebengruppenelemente

Differenz der Elektronegativitäten

Die Elektronegativität eines Elements gibt an, in welchem Maße ein Elektron von diesem Element angezogen wird. Kombiniert man aber nun zwei Elemente, die in gleicher Weise hohe Elektronegativität haben – also gleich stark das Elektron anziehen –, wird die Bindung kaum polarisiert. Im Gegensatz dazu finden wir ionische Bindungen bei Bindungspartnern mit stark unterschiedlichen Elektronegativitäten. Das elektronegativere Element bildet das Anion, das weniger elektronegative das Kation. Der Charakter der ionischen Bindung kann über folgende Beziehung angegeben werden:

$$\text{Ionenbindungscharakter (\%)} = 16\,(\Delta\chi) + 3{,}5\,(\Delta\chi)^2$$

Verbindungen, die wir typischerweise mit einer ionischen Bindung beschreiben, wie NaCl, CsCl oder CaF_2, haben demnach zwischen 50 und 80 % ionischen Bindungscharakter. Diese Werte verdeutlichen, dass die Bindungstypen nicht starr festgelegt sind, sondern elektronische Wechselwirkungen sich kontinuierlich verändern:

Bei den Fluoriden der Elemente der zweiten Periode ist ein solcher kontinuierlicher Übergang zu beobachten. LiF und BeF_2 bilden typische Ionenkristalle, während die Verbindungen BF_3, CF_4, NF_3, OF_2 sowie F_2 Moleküle bilden. Am Gang der Schmelztemperaturen lässt sich erkennen, wie stark die Polarität der Bindung abnimmt. Für die Eigenschaften einer Verbindung ist aber nicht allein der rechnerisch ermittelte Bindungscharakter entscheidend. So hat NaCl mit einer Elektronegativitätsdifferenz von etwa 2 zwischen Natrium und Chlor einen stark ionischen Charakter, währen BF_3 mit demselben Wert

überwiegend kovalent gebunden ist (⊚ Tab. 3.4). Hier hat die Änderung der Koordination (der räumlichen Umgebung um das Atom) einen zusätzlichen Einfluss auf die Ausprägung des Bindungstyps.

Tab. 3.4 Differenzen der Elektronegativitätswerte der Fluoride der Elemente der zweiten Perioden und charakteristische Eigenschaften

Verbindung	$\Delta\chi$	Bindungscharakter	Struktur	Schmelztemperatur (in °C)
LiF	3,0	ionisch	Ionenkristall	848
BeF_2	2,4	ionisch	Ionenkristall	552
BF_3	2,0	polare kovalente Bindung	Molekül	−99
CF_4	1,5	kovalente Bindung	Molekül	−128
NF_3	1,0	kovalente Bindung	Molekül	−120
OF_2	0,6	kovalente Bindung	Molekül	−145
F_2	0	kovalente Bindung	Molekül	−193

❶

- Die Elektronegativität steigt von links nach rechts innerhalb einer Periode an.
- Innerhalb einer Gruppe nimmt die Elektronegativität von oben nach unten ab.
- Aus der Differenz der Elektronegativitäten der Bindungspartner lässt sich die Polarität einer chemischen Bindung ableiten, der ionische Bindungscharakter nimmt mit steigender Differenz $\Delta\chi$ zu.

Fragen

1. Welche Eigenschaft beschreibt der Begriff der Elektronegativität?

2. Warum hat Fluor die höchste Elektronegativität?

3. Ermitteln Sie den Bindungscharakter folgender Verbindungen: KBr, CaO, SO_3, P_2O_5, $AuCu_3$.

Die Ionenbindung

4

4.1 Bildung von Ionen und Ionenradien

Während kovalente Verbindungen bei Raumtemperatur fest, flüssig oder gasförmig sein können, sind alle einfach aufgebauten ionischen Verbindungen Feststoffe. Sie haben die folgenden gemeinsamen Eigenschaften:

> ❶
>
> - Kristalle ionischer Verbindungen sind hart und spröde.
> - Ionische Verbindungen haben hohe Schmelztemperaturen.
> - Die Schmelze einer ionischen Verbindung leitet den elektrischen Strom.
> - Viele ionische Verbindungen lösen sich in Wasser und anderen stark polaren Lösemitteln, die Lösungen sind elektrisch leitend.

Lassen Sie uns im Folgenden untersuchen, wie diese Eigenschaften durch die chemische Bindung in Ionenkristallen bestimmt werden (vgl. auch im ▶ Binnewies Abschn. 4.1).

Binnewies, Abschn. 4.1

4.1.1 Die Bildung von Ionen

Die ionische Bindung beruht auf den elektrostatischen Wechselwirkungen zwischen positiv geladenen Kationen und negativ geladenen Anionen. Die Bildung charakteristischer Ionen wird für uns durch die Stellung der Elemente im Periodensystem verständlich. In der Regel ist es energetisch günstig, Elektronen aufzunehmen oder abzugeben, bis eine sehr stabile Elektronenkonfiguration erreicht wird.

Bildung von Ionen mit Edelgaskonfiguration s^2p^6

Aus der Reaktionsträgheit der Edelgase kann man darauf schließen, dass deren Elektronenkonfiguration der Valenzschale eine äußerst hohe energetische Stabilität repräsentiert. Ein Austausch von Elektronen ist für die Edelgase (fast) unmöglich. Umgekehrt sollten weniger stabile Elektronenanordnungen das Bestreben haben, einen solch stabilen Zustand durch Elektronentransfer zu erreichen. So wird Natrium als Element der Gruppe 1 ausgehend von der Elektronenkonfiguration ($1s^22s^22p^63s^1$ = [Ne]$3s^1$) die Konfiguration des Neons anstreben und dabei ein einfach positiv geladenes Kation Na$^+$ bilden. Das Element Chlor ($1s^22s^22p^63s^5$ = [Ne]$3s^5$) benötigt dagegen ein Elektron, um die Edelgaskonfiguration für Argon zu erreichen – es bildet sich das Anion Cl$^-$. Calcium ([Ar]$4s^2$) strebt die Konfiguration von Argon ebenfalls an und bildet dabei unter Abgabe von zwei Elektronen das Kation Ca^{2+}. In einer Verbindung von Calcium und Chlor kann das Chlor-Atom aber nicht freiwillig *zwei* Elektronen aufnehmen, nur weil das Calcium-Atom diese bei der Bildung seines Kations gerade abgegeben hat: Um zu einer ladungsneutralen Verbindung der beiden Elemente zu kommen, muss die Zusammensetzung CaCl$_2$ (Ca^{2+} + 2 Cl$^-$) sein.

In der Regel werden maximal drei Elektronen von einem Hauptgruppenatom abgegeben oder aufgenommen. Die Bildung höher geladener Ionen erfordert zu hohe Ionisierungsenergien bzw. Elektronenaffinitäten. Wenn wir dennoch in der Folge von Verbindungen wie $SiCl_4$, PCl_5 oder SF_6 sprechen, so handelt es sich um Molekülverbindungen, in denen keine isolierten, hochgeladenen Ionen vorliegen.

Die leichten Elemente des Periodensystems (Wasserstoff, Lithium, Beryllium) bilden insofern eine Ausnahme, als ihre Ionen (H^-, Li^+, Be^{2+}) die Elektronenzahl des Edelgases Helium ($1s^2$) und damit keine ns^2np^6-Konfiguration erreichen. Wasserstoff kann darüber hinaus – abhängig vom Bindungspartner ein Kation oder ein Anion bilden, ⊚ Tab. 4.1.

Bildung von Ionen der Nebengruppenelemente

Bei der Bildung von Kationen der Nebengruppenelemente werden immer zunächst die s-Elektronen abgegeben. Eine vollständige Ionisierung bis auf die Konfiguration des Edelgases mit der nächstniedrigeren Ordnungszahl erfolgt nur für die Elemente der vorderen Gruppen. So kennt man für die Elemente der Gruppe 3 (Sc, Y, La) nur die dreiwertigen Kationen M^{3+}. Titan ($[Ar]3d^24s^2$) kommt bereits als Kation mit unterschiedlichen Ladungen vor: Ti^{4+} ($[Ar]$), Ti^{3+} ($[Ar]3d^1$) oder Ti^{2+} ($[Ar]3d^2$). Die Tendenz zur Bildung verschieden geladener Kation ist bei den Nebengruppenelementen deutlich stärker ausgeprägt als bei den Hauptgruppenelementen.

Bildung von Ionen mit d^{10}-Konfiguration

Neben der Konfiguration der Edelgase sind auch solche besonders stabil, die innerhalb der Valenzschale volle Orbitale aufweisen. So erfolgt beim Kupfer keine vollständige Ionisierung auf die Konfiguration des Argons. Für das dabei zu bildende Ion müsste eine viel zu hohe Ionisierungsenergie aufgebracht werden. Das Kupfer-Atom wird unter Erhalt der Elektronen in der d-Schale lediglich zu Cu^+ ionisiert. In ähnlicher Weise sind von den Elementen der Gruppe 12 die Ionen Zn^{2+} ($[Ar]3d^{10}$), Cd^{2+} ($[Kr]4d^{10}$) und Hg^{2+} ($[Xe]4f^{14}5d^{10}$) stabil, vgl. ⊚ Tab. 4.1.

Bildung von Ionen mit $d^{10}s^2$-Konfiguration

Die Elemente der Gruppen 13 bis 15 zeigen zunehmend einen Trend, auch die Elektronen im s-Orbital nicht mit in die Ionisierung einzubeziehen. Auf diese Weise werden relativ stabile Konfigurationen unter Abgabe von Elektronen aus dem p-Orbital mit Erhalt der Elektronen im d- und s-Orbital erreicht. Indium kommt in seinen Verbindungen sowohl als In^{3+} ($[Kr]4d^{10}$) als auch als In^+ ($[Kr]4d^{10}5s^2$) vor.

Bildung von Anionen

Die Bildung von Anionen ist nur für Elemente mit hoher Elektronegativität zu beobachten. Bei der Aufnahme von Elektronen wird in der Regel die Konfiguration des Edelgases mit der nächsthöheren Ordnungszahl angestrebt. Die Halogene (ns^2np^5) bilden mit einer äußerst hohen Reaktivität Halogenide X^- (ns^2np^5). Ausgehend von der Konfiguration ns^2np^4 können die Elemente der Gruppe 16 zwei Elektronen bis zur stabilen Edelgaskonfiguration aufnehmen und damit Chalkogenid-Anionen X^{2-} (z. B. O^{2-}) bilden. Nehmen die Chalkogen-Elemente Sauerstoff oder Schwefel jeweils nur ein Elektron auf, bilden sich molekulare Anionen: das Peroxid-Anion O_2^{2-} und das Disulfid-Anion S_2^{2-}. Dabei werden verschiedene Bindungskonzepte miteinander verknüpft, ein Teil der Elektronen bildet eine kovalente Bindung, darüber hinaus wird eine gefüllte Valenzschale durch die Bildung von Ionen angestrebt. In Ionenkristallen liegen maximal dreifach negativ geladene Anionen als Nitrid (N^{3-}), Phosphid (P^{3-}) oder Arsenid (As^{3-}) vor.

Tab. 4.1 Bildung charakteristischer Ionen durch Einstellung stabiler Elektronenkonfigurationen der Valenzschale (kursiv gestellte Elemente: Bildung kovalenter Molekülverbindungen)

Gr. 1	2	3	11	12	13	14	15	16	17
ns^1	ns^2	ns^1 $(n-1)d^1$	ns^1 $(n-1)d^{10}$	ns^2 $(n-1)d^{10}$	ns^2np^1	ns^2np^2	ns^2np^3	ns^2np^4	ns^2np^5
H^+/H^-									
Li^+	Be^{2+}				B	C	N^{3-}	O^{2-}	F^-
Na^+	Mg^{2+}				Al^{3+}	Si	P^{3-}	S^{2-}	Cl^-
K^+	Ca^{2+}	Sc^{3+}	Cu^+	Zn^{2+}	$Ga^{3+}/$ Ga^+	Ge^{2+}	$As^{3-}/$ As^{3+}	Se^{2-}	Br^-
Rb^+	Sr^{2+}	Y^{3+}	Ag^+	Cd^{2+}	$In^{3+}/$ In^+	Sn^{2+}	Sb^{3+}	Te^{2-}	I^-
Cs^+	Ba^{2+}	La^{3+}	Au^+	Hg^{2+}	$Tl^{3+}/$ Tl^+	Pb^{2+}	Bi^{3+}		

Fragen

4. Bestimmen Sie die maximale Ladung der Kationen von Titan, Niob und Wolfram.

4.1.2 Ionenradien

Im vorhergehenden Abschnitt haben wir bereits diskutiert, dass die Größe der Atome aufgrund der zunehmenden effektiven Kernladung innerhalb einer Periode allmählich von links nach rechts abnimmt, während die Atomradien in einer Gruppe systematisch zunehmen. Durch den Elektronentransfer bei der Bildung von Ionen bleiben diese Trends prinzipiell erhalten, wenngleich sich die Radien im Wert deutlich verändern.

Bei der Diskussion von Ionenradien müssen wir beachten, dass Ionenradien sich nicht direkt messen lassen. Sie erinnern sich: Orbitale stellen Aufenthaltswahrscheinlichkeiten dar, ihre Besetzung erfolgt innerhalb eines Volumenanteils der Atomhülle ohne scharfe Begrenzung – nur eben mit abnehmender Wahrscheinlichkeit. Man kann mit modernen analytischen Methoden sehr genau den Abstand zwischen den Kernen des Kation- und des Anion-Ions in einem Ionenkristall messen. Dabei erhält man zunächst eine Weglänge als Summe der beiden Radien. Eine physikalisch sinnvolle Aufteilung der Anteile des Kations und des Anions ergibt sich aus der näheren Betrachtung der Elektronendichteverteilung im Kristall. Diese Größe kann man durch Methoden zur Kristallstrukturbestimmung (Röntgenbeugung) ermitteln. Nehmen wir einen Natriumchlorid-Kristall als Beispiel. Die Natrium-Kationen und Chlorid-Anionen besetzen alternierend Plätze im Kristallgitter. Auf einer topografischen Karte der Elektronendichten beobachtet man hohe Elektronendichte in der Nähe der Atomkerne und eine sinkende Dichte zwischen den Atomen (▶ Binnewies, Abb. 4.1). Entlang der Verbindungslinie zwischen zwei benachbarten Na^+- und Cl^--Ionen liegt ein Minimum der Elektronendichte mit einem Wert nahe bei null. An diesem Minimum werden die beiden Ionen formal voneinander getrennt und ihre Ionenradien bestimmt.

Über eine Vielzahl von Verbindungen kann man die Werte der verschiedenen Ionen zusammentragen und systematisieren. Unter den Chemikern ist es weithin akzeptiert, die Werte für die Ionenradien nach Shannon und Prewitt zu verwenden.

Binnewies, Abb. 4.1

Ionenradien von Kationen

Die Abgabe von Elektronen bei der Bildung von Kationen hat stets eine Verkleinerung der Teilchen zur Folge. Während die Kernladungszahl konstant bleibt, verringert sich die Anzahl der Valenzelektronen. Auf die verbleibenden Elektronen wirkt somit eine stärkere Kernanziehung – der Radius verringert sich.

Für die Hauptgruppenelemente, deren Kationen unter Abgabe sämtlicher Valenzelektronen gebildet werden, verkleinert sich der Radius signifikant: Der Radius für das Natrium-Atom verringert sich von 186 pm ($1,86 \cdot 10^{-7}$ mm) auf 116 pm für das Ion Na^+. Die Größenabnahme wird noch deutlicher, wenn man das Volumen betrachtet: $V = 4/3\,\pi \cdot r^3$. Bei der Abnahme des Radius um den Faktor $116/186 = 0,624$ reduziert sich Volumen des Ions auf ein Viertel ($0,624^3 = 0,243$). Die Kationen werden noch kleiner, wenn die Ionen mehrfach geladen sind. Das gilt insbesondere für isoelektronische Ionen: Na^+ (116 pm), Mg^{2+} (86 pm), Al^{3+} (68 pm). Die Ionen haben die gleiche Anzahl an Elektronen ($1s^2 2s^2 2p^6$), sie unterscheiden sich nur in der Anzahl der Protonen im Kern. Je höher die Protonenzahl, desto höher ist die effektive Kernladung Z_{eff} und umso stärker ist die Anziehung zwischen Elektronen und Kern. Dementsprechend sind isoelektronische Kationen umso kleiner, je höher die Ladung ist. Innerhalb einer Gruppe werden die Kationen systematisch größer: Li^+ (90 pm), Na^+ (116 pm), K^+ (152 pm), Rb^+ (166 pm), Cs^+ (181 pm), ⊕ Abb. 4.1.

Gibt es von einem Element mehrere Kationen mit unterschiedlicher Ladung, werden die Ionen mit zunehmender Ladung kleiner: In Ionen mit einer geringeren Anzahl an Valenzelektronen (mit einer höheren positiven Ladung) wirkt bei konstanter Kernladung eine größere Anziehung. So hat das Fe^{2+}-Kation einen Ionenradius von 75 pm, während Fe^{3+} mit 70 pm merklich kleiner ist. Tl^{3+} (103 pm) ist sogar deutlich kleiner als Tl^+ (164 pm).

Ionenradien von Anionen

Für Anionen gilt: Durch die Aufnahme von Elektronen ist ein negativ geladenes Ion größer als das zugehörige Atom. Durch die Aufnahme zusätzlicher Elektronen sinkt die effektive Kernladung, die auf die einzelnen Außenelektronen wirkt (die Abschirmung wird mit jedem Elektron größer). Durch die abgeschwächte Anziehung durch den Kern vergrößert sich der Radius der Elektronenhülle. In gleicher Weise führt die stärkere interelektronische Abstoßung zu einer Vergrößerung der Teilchen. So liegt der Kovalenzradius des Sauerstoff-Atoms bei 74 pm, während der Radius des Oxid-Ions 126 pm beträgt. Mit zunehmender Anzahl der zusätzlich aufgenommenen Elektronen vergrößert sich der Effekt weiter. In einer Reihe isoelektronischer Anionen mit der Konfiguration des Neon-Atoms ist das Nitrid-Anion das größte: N^{3-} (132 pm), O^{2-} (126 pm), F^- (117 pm), ⊕ Abb. 4.1.

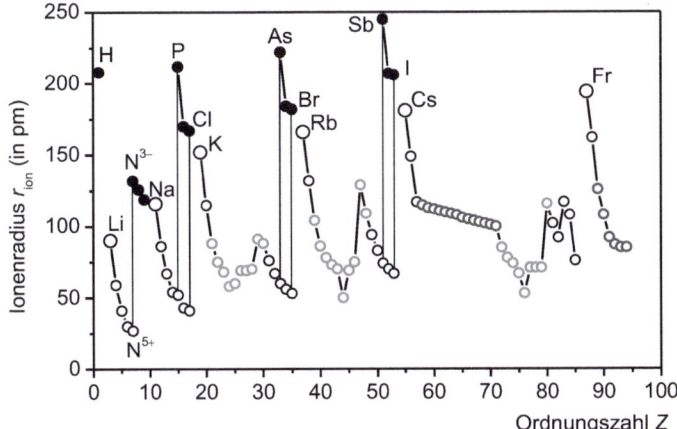

Abb. 4.1 Ionenradien der natürlichen Elemente als Funktion der Ordnungszahl (nach Shannon; ● Ionenradien von Element-Anionen, ○ Ionenradien der Kationen mit der jeweils höchsten stabilen Oxidationsstufe, ○ Nebengruppenelemente und f-Elemente)

Innerhalb einer Gruppe im Periodensystem werden auch die Anionen mit zunehmender Ordnungszahl größer: F^- (117 pm), Cl^- (167 pm), Br^- (182 pm), I^- (206 pm), ⊚ Abb. 4.1.

- Innerhalb einer Periode sind die Element-Anionen viel größer als die Kationen.
- Innerhalb der Gruppen steigt der Radius von Kationen und Anionen systematisch an.
- Ionen mit gleicher Elektronenkonfiguration (isoelektronische Ionen) sind umso kleiner, je höher die Kernladungszahl (Ordnungszahl) des Elements ist.
- Gibt es von einem Element mehrere Kationen, nimmt der Radius mit zunehmender Ladung ab.

4.2 Polarisierung

Wir haben bereits angesprochen, dass das Prinzip der ionischen Bindung kein starres Gebilde ist. Über die Elektronegativitätsdifferenz haben wir für typische Ionenkristalle lediglich einen höheren Anteil des ionischen Bindungscharakters bestimmt. Entsprechend dieser Aussage gibt es eine weitere Differenzierung bei der Bildung von ionischen Verbindungen. Eine Abweichung vom eindeutig ionischen Charakter liegt vor, wenn die äußersten Elektronen des Anions so stark vom Kation angezogen werden, dass sich zwischen den Ionen eine merkliche Elektronendichte ergibt und somit ein kovalenter Bindungsanteil erzeugt wird. Die Elektronenhülle des Anions wird dabei in Richtung auf das Kation verzerrt. Diese Abweichung von der Kugelform des idealen Anions bezeichnet man als Polarisierung.

Ein Maß für das Polarisierungsvermögen eines Atoms ist seine *Ladungsdichte*. Die Ladungsdichte entspricht dem Quotienten aus Ionenladung und Ionenvolumen. So erhält man für das Natrium-Ion mit einer Ladungszahl von +1 und einem Ionenradius von 116 pm ($1,16 \cdot 10^{-7}$ mm) eine Ladungsdichte von 24 C · mm^{-3}:

$$\text{Ladungsdichte} = \frac{1 \cdot 1,60 \cdot 10^{-19}\,C}{\frac{4}{3}\pi(1,16 \cdot 10^{-7}\,mm)^3)} = 24\,C \cdot mm^{-3}$$

Das Aluminium-Ion wirkt mit einer erheblich höheren Ladungsdichte von 370 C · mm^{-3} viel stärker polarisierend als das Natrium-Ion. Es wird daher eher als Natrium zur Ausbildung kovalenter Bindungen tendieren. Der Physikochemiker Kasimir Fajans fasste die Faktoren, welche die Polarisierung von Ionen und damit eine Zunahme an Kovalenz bewirken, in den folgenden Regeln zusammen.

- Ein Kation wirkt umso stärker polarisierend, je kleiner und je höher positiv geladen es ist.
- Ein Anion wird umso leichter polarisiert, je größer es ist und je höher seine negative Ladung ist.
- Polarisierung findet bevorzugt durch Kationen statt, die keine Edelgaskonfiguration haben.

Ein offenkundiges Unterscheidungsmerkmal zwischen ionischen und kovalenten Stoffen ist die Schmelztemperatur ϑ_m. Die Schmelztemperaturen ionischer Verbindungen sind im Allgemeinen hoch, die Schmelztemperaturen kovalenter Verbindungen, die aus isolierten Molekülen bestehen, dagegen niedrig.

Polarisierende Kationen

Bleiben wir bei dem oben genannten Beispiel: Das Natrium-Kation liegt als Na^+ in der typischen ionischen Verbindung NaCl vor. NaCl hat eine relativ hohe Schmelztemperatur von 801 °C. Das im Periodensystem benachbarte Element Magnesium hat als Mg^{2+}-Kation einen deutlich geringeren Ionenradius (86 pm): Magnesiumchlorid – $MgCl_2$ – schmilzt entsprechend bei niedrigerer Temperatur. Das stark polarisierende Kation Al^{+3} bewirkt in Aluminiumchlorid – $AlCl_3$ – eine sehr niedrige Schmelztemperatur von 181 °C. In $AlCl_3$ liegt ein hoher kovalenter Bindungsanteil vor.

Da der Ionenradius in erheblichem Umfang von der Ionenladung abhängig ist, erweist sich der Wert der Kationenladung häufig als ein qualitatives Maß, um den kovalenten Bindungsanteil in einer Metallverbindung abzuschätzen. Bei einer Kationenladung von +1 oder +2 überwiegt normalerweise das ionische Verhalten. Bei einer Kationenladung von +3 haben nur Verbindungen mit schlecht polarisierbaren Anionen, wie dem Fluorid-Ion, überwiegend ionische Eigenschaften. Teilchen, die formal noch höhere Ladungen haben, existieren nicht mehr als Kationen. Bei ihren Verbindungen kann man immer von überwiegend kovalentem Bindungscharakter ausgehen. Das sieht man bei Betrachtung des auf Aluminium folgenden Elements im Periodensystem: Silicium bildet mit Chlor die Verbindung $SiCl_4$ als ausschließlich kovalent gebundenes Molekül, $SiCl_4$ ist bei Raumtemperatur bereits flüssig und hat seine Siedetemperatur bei 57 °C.

Polarisierbare Anionen

Die Elektronen des Anions können durch das polarisierende Kation angezogen werden. Wie stark die Valenzelektronen des Anions aber erstmal durch den eigenen Kern gebunden werden, hängt vor allem von der Größe des Ions ab. Je kleiner das Ion ist, umso größer ist die effektive Kernladung und umso stärker die Anziehung der eigenen Elektronen. Ein solches Ion ist weniger anfällig für eine Polarisierung. Ein Vergleich von Aluminiumfluorid ($\vartheta_m = 1291$ °C) und Aluminiumiodid ($\vartheta_m = 191$ °C) zeigt eindrucksvoll den Einfluss der Größe des Anions. Das Fluorid-Ion ist mit einem Ionenradius von 115 pm viel kleiner als das Iodid-Ion (206 pm). Das Fluorid-Ion wird durch das Aluminium-Ion kaum polarisiert, die Bindung im AlF_3 ist daher überwiegend ionisch. Die Elektronenhülle des Iodid-Ions wird dagegen durch Al^{3+} so stark polarisiert, dass Moleküle mit erheblichen Anteilen kovalenter Bindung gebildet werden. Für das weniger stark polarisierende Kation Na^+ erkennt man in den sinkenden Schmelztemperaturen der Natriumhalogenide immerhin den Trend der zunehmenden Polarisierung auf die Halogenid-Anionen, ⊚ Tab. 4.2.

Polarisierende Kationen ohne Edelgaskonfiguration

Die meisten Kationen der Hauptgruppenelemente haben eine Elektronenkonfiguration, die dem Edelgas der vorausgehenden Periode entspricht. Die bisher gezeigten Beispiele Na^+, Mg^{2+} und Al^{3+} sind jeweils isoelektronisch zum Edelgas Neon ($1s^2\, 2s^2\, 2p^6$). Für einige Ionen der Hauptgruppenelemente sowie die Mehrzahl der Nebengruppenelemente wird die Edelgaskonfiguration jedoch nicht erreicht. Das Silber-Ion (Ag^+, $[Kr]4d^{10}$) verhält sich ähnlich wie Cu^+, Sn^{2+} und Pb^{2+}. Im Vergleich zum Natrium-Kation (116 pm) ist das Silber-Kation Ag^+ größer (129 pm) – es sollte also schwächer polarisierend wirkend. Man beobachtet aber im Gang der Schmelztemperaturen der Silberhalogenide viel niedrigere Werte, außerdem gibt es keinen gleichmäßigen Trend wie im Fall der Natriumhalogenide, ⊚ Tab. 4.2.

In festem Zustand sind die Silber-Ionen und die Halogenid-Ionen wie in jeder „ionischen" Verbindung in einem typischen Ionengitter angeordnet. Da jedoch die Elektronendichte zwischen Anionen und Kationen ausreichend groß ist, kann man sich vorstellen, dass beim Schmelzprozess tatsächlich Silberhalogenid-*Moleküle* gebildet werden. Anscheinend

benötigt der Übergang von einem teilweise ionischen Feststoff zu kovalent gebundenen Molekülen weniger Energie als der normale Schmelzprozess einer ionischen Verbindung.

Ein deutliches Zeichen für das unterschiedliche Bindungsverhalten des Natrium-Ions und des Silber-Ions ist die unterschiedliche Löslichkeit ihrer Salze in Wasser. Alle Natriumhalogenide sind sehr leicht löslich, während Silberchlorid, -bromid und -iodid in Wasser so gut wie unlöslich sind. Wird die Ionenladung durch kovalente Bindungsanteile zwischen Anion und Kation verringert, so sind die Wechselwirkungen zwischen Ionen und dem polaren Lösungsmittel Wasser schwächer und die Löslichkeit ist geringer.

Tab. 4.2 Schmelztemperaturen der Natrium- und Silberhalogenide (in °C)

Kationensorte	Fluorid	Chlorid	Bromid	Iodid
Na	NaF: 996	NaCl: 801	NaBr: 747	NaI: 661
Ag	AgF: 435	AgCl: 455	AgBr: 430	AgI: 558

Fragen

5. Warum ist Lithium ein stärker polarisierendes Kation als Kalium?

6. Warum wird das Oxid-Anion weniger stark polarisiert als das Selenid-Anion?

7. Warum haben die Silberhalogenide niedrigere Schmelztemperaturen als die Natriumhalogenide?

4.3 Ionengitter

Die ionische Bindung beruht auf elektrostatischer Anziehung entgegengesetzt geladener Ionen. Da sich die Elektronenaufenthaltswahrscheinlichkeiten und damit die resultierenden Ladungen gleichmäßig auf der Oberfläche eines Ions verteilen, sind die Bindungskräfte ungerichtet, sie wirken gleichmäßig in alle Raumrichtungen. Die Aufbauprinzipien von Ionenkristallen sind deshalb sehr einfach, sie lassen sich aus geometrischen Gesetzmäßigkeiten ableiten: Im Allgemeinen sind die Anionen viel größer als die Kationen. Wir können uns vorstellen, dass diese das Grundgerüst – die **Kugelpackung** – bilden, die Kationen liegen in den Lücken zwischen den Anionen. Die kugelförmigen Ionen versuchen dabei, eine möglichst dichte Anordnung zu realisieren, weil die elektrostatischen Anziehungskräfte dabei besonders hoch sind. Für die Beschreibung von Ionengittern gelten die folgenden grundlegenden Prinzipien.

❶

- Ionen werden als geladene, starre und nicht polarisierbare Kugeln betrachtet. (Auch wenn in allen ionischen Verbindungen kovalente Bindungsanteile vorkommen, ermöglicht das Kugelmodell eine sehr gute Beschreibung der geometrischen Verhältnisse).
- Ionenverbindungen haben nach außen keine elektrische Ladung: Das Anzahlverhältnis der Kationen und Anionen muss also immer zum Ladungsausgleich führen ($Ca^{2+} + 2\ Cl^- \rightarrow CaCl_2$).
- Im Kristallgitter sind die Ionen im Verhältnis der Zusammensetzung der Verbindung enthalten ($CaCl_2$: Gerüst von Chlorid-Anionen und halb so viele Calcium-Kationen).

4.3.1 Prinzip der dichtesten Kugelpackungen

Versucht man möglichst viele gleich große Kugeln in einem gegebenen Volumen zu platzieren, ergeben sich immer regelmäßige geometrische Anordnungen, die dichtesten Kugelpackungen. (Probieren Sie es selber aus: Lassen Sie eine Anzahl von gleich großen Kugeln – Murmeln, Golfbälle oder Tischtennisbälle – in einer großen Uhrglasschale zusammenrollen, sie ordnen sich immer auf die gleiche Weise an…) Bei chemischen Verbindungen findet man dieses Ordnungsprinzip häufig in Ionenkristallen und Metallen. Bei beiden Bindungstypen sind die ungerichteten Bindungskräfte dominierend. Da man mit diesem geometrischen Prinzip Zugang zu einer großen Vielzahl von Strukturen von Elementen und Verbindungen bekommt, wollen wir uns im Folgenden intensiv damit beschäftigen.

Versuchen wir gleich große Kugeln entlang einer Geraden möglichst dicht anzuordnen, so gibt es hierfür nur eine Möglichkeit: Die Kugeln werden aufgereiht wie auf einer Perlenschnur, jede Kugel berührt zwei andere. Stellen wir nun uns eine zweite dichte Reihe von Kugeln vor und versuchen, diese so dicht wie möglich an die erste Reihe heranzubringen, so bieten sich zunächst zwei Möglichkeiten an. Die quadratische Anordnung von jeweils vier Kugeln ist dabei etwas ungünstiger, die zweite Reihe kann sich jedoch in die „Senken" der ersten Reihe legen und damit die Packung verdichten (⊙ Abb. 4.2).

In der nun folgenden dritten Reihe wiederholt sich diese Anordnung. Dabei liegen die Kugeln der dritten Reihe wieder an derselben Position wie die erste Reihe. Daraus ergibt sich für jede Kugel eine Umgebung von sechs weiteren Kugeln in einem regelmäßigen Sechseck (⊙ Abb. 4.3).

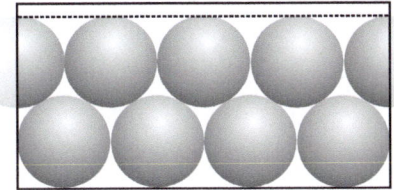 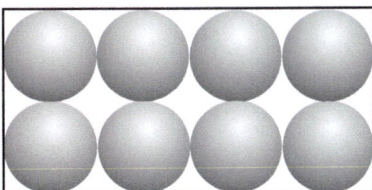

Abb. 4.2 Anordnung von Kugeln in aufeinanderfolgenden Reihen

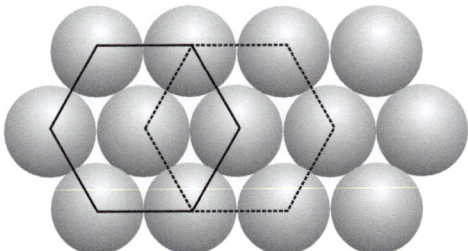

Abb. 4.3 Dichtestmögliche Anordnung von Kugeln in einer Ebene

Kugelpackungen mit der Stapelfolge ABAB …

Legen wir eine zweite Schicht über die eben erhaltene Sechseck-Schicht, so „rollt" jede Kugel in eine Senke zwischen jeweils drei Atomen der ersten Schicht. Dadurch ergibt sich eine Verschiebung der Lageparameter. Die zwei verschiedenen Lagen werden mit den Buchstaben A und B gekennzeichnet, (⊙ Abb. 4.4).

Auch die Stapelung einer dritten Schicht wird in einer energetisch optimierten Lage erfolgen. Das heißt, die Atome der dritten Schicht liegen wieder in einer Senke aus drei

Atomen der darunter liegenden Schicht. Dafür gibt es nunmehr zwei verschiedene Möglichkeiten, die beide genau die gleiche Raumerfüllung haben:

Die dritte Schicht kann die Lage der ersten Schicht genau wiederholen. Die Schichtenfolge ist dann ABA, alle weiteren Schichten folgen diesem einmal festgelegten Muster. Wir sprechen bei dieser Stapelfolge von der **hexagonal dichtesten Kugelpackung**.

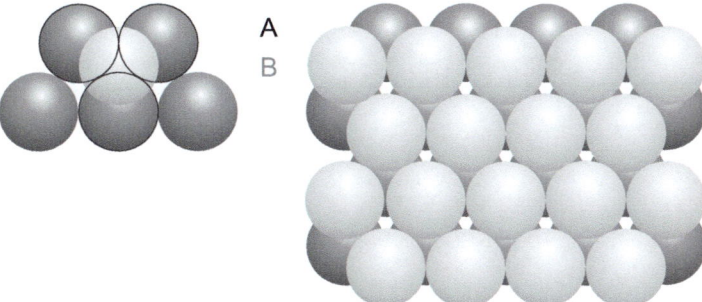

Abb. 4.4 Stapelung zweier Schichten gleich großer Kugeln in einer dichtesten Packung AB

Kugelpackungen mit der Stapelfolge ABC …

In einer weiteren Anordnung sind die ersten beiden Schichten in den Positionen A und B besetzt, die Atome der dritten Schicht werden aber nochmals gegen die ersten beiden Schichten versetzt angeordnet. Damit wird eine neue Senke über der Vorgängerschicht belegt, deren Position wir mit dem Buchstaben C kennzeichnen. Die periodische Schichtenfolge ist ABC (⊙ Abb. 4.5). Innerhalb des hexagonalen Grundmusters einer Schicht gibt es darüber hinaus keine weiteren Alternativen zu Besetzung. Die Schichtfolgen ABA und ABC sind also einzigen einfachen und regelmäßigen Anordnungen gleich großer Kugeln, die den Raum bestmöglich ausfüllen (▸ Binnewies, Abb. 4.7).

Binnewies, Abb. 4.7

Innerhalb einer Schicht berührt jede Kugel sechs Nachbarkugeln. In den darüber und darunter liegenden Schichten liegt jede Kugel in einer Senke von jeweils drei Kugeln, das heißt, die von uns betrachtete Kugel hat noch mal drei Nachbarn in der darunter liegenden und drei Nachbarn in der darüber liegenden Schicht. In der räumlichen Umgebung hat das Atom also 12 (6 + 3 + 3) nächste Nachbarn. Die Anzahl der in gleichmäßigem Abstand benachbarten Atome ist ein wichtiges Kriterium zur Beschreibung von geometrischen Anordnungen in Kristallen und Molekülen – wir bezeichnen diese Größe als **Koordinationszahl** eines Atoms.

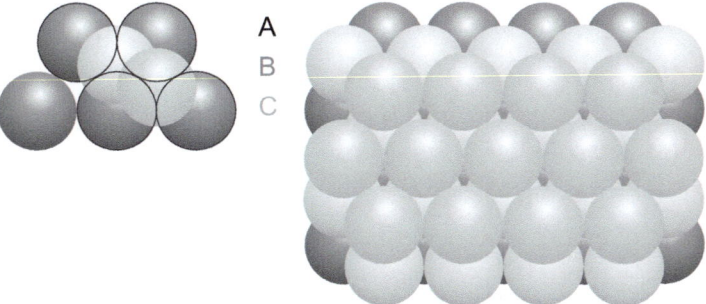

Abb. 4.5 Stapelung von drei Schichten gleich großer Kugeln in einer dichtesten Packung ABC

Elementarzelle

Es ist für uns ziemlich schwierig eine Vorstellung zu entwickeln, wie Millionen von Atomen gleichmäßig angeordnet werden, um am Ende einen für uns in seiner Größe wahrnehmbaren Kristall zu bilden. Müssten wir für jedes Atom einen Lageplan vorgeben,

wäre die Beschreibung der Struktur des Kristalls umständlich und zeitraubend. Stellen wir uns aber vor, der Kristall besteht nicht aus lauter individuellen Teilchen, sondern aus gleichartigen Bausteinen, können wir uns die Struktur wie ein Bauwerk aus Ziegelsteinen vorstellen: Wir müssen nur die Größe des Bausteins und seine unmittelbare Umgebung festlegen, alles Weitere folgt aus der stetigen Wiederholung des vorgegebenen Musters (⊙ Abb. 4.6). In der Kristallografie verwendet man dazu den Begriff der Elementarzelle. Die Elementarzelle ist der kleinste Ausschnitt aus einem kristallinen Feststoff, der alle Informationen über seinen Aufbau enthält. Durch periodische Aneinanderreihung sehr vieler Elementarzellen in alle drei Raumrichtungen ergibt sich ein makroskopischer Kristall.

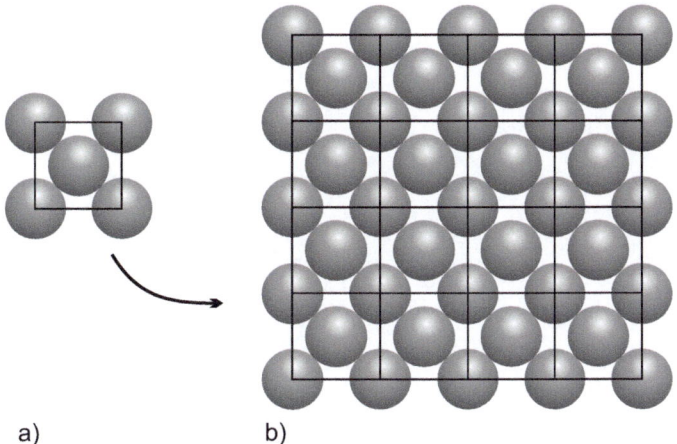

a)   b)

Abb. 4.6 Schematische Darstellung einer Fläche der Elementarzelle: a) Anordnung der Atome in der Elementarzelle, b) Anordnung der Atome im Raum durch Vervielfältigung der Elementarzelle

Hexagonal dichteste Kugelpackung

Auch für die beiden dichtesten Kugelpackungen kann man entsprechende Bausteine – Elementarzellen – festlegen: Zunächst erscheinen die beiden Anordnungen aufgrund des hexagonalen Grundmusters sehr ähnlich. Die Elementarzelle für die Schichtenfolge ABAB… kann man tatsächlich durch eine hexagonale Anordnung beschreiben (► Binnewies, Abb. 4.8). Allerdings ist die Verwendung des Hexagons als Elementarzelle unpraktisch; es gibt noch einen kleineren Baustein, der ebenfalls den gesamten Aufbau des Kristalls sinnvoll beschreibt und der periodisch angeordnet werden kann. Die Geometrie der Elementarzelle wird durch die Kantenlänge des Sechsecks (a) und den Schichtabstand (die Höhe der Elementarzelle c) sowie durch den Winkel zwischen den Kanten der Grundfläche (120°) beschrieben. Die Längen der Strecken a und c werden als *Gitterkonstanten* bezeichnet. Aufgrund ihrer hexagonalen Symmetrie spricht man hier von einer hexagonal dichtesten Kugelpackung.

Binnewies, Abb. 4.8

Kubisch dichteste Kugelpackung

In der Schichtfolge ABC hat zunächst jede Schicht ein sechseckiges Grundmuster. Wenn man diese Muster im Raum in einem möglichst kleinen Baustein zusammenführen will, ergibt sich allerdings eine andere Beziehung: Die Atome aller drei Schichten stehen in einer kubischen, d. h. würfelförmigen, Anordnung zueinander. Die Elementarzelle ist hier nicht hexagonal, sondern kubisch. Die kubisch dichteste Kugelpackung lässt sich schließlich durch einen Würfel beschreiben, bei dem alle acht Ecken sowie die sechs Flächenmitten besetzt sind (kubisch flächenzentriertes Gitter; ► Binnewies Abb. 4.9).

Binnewies, Abb. 4.9

Es erscheint Ihnen vielleicht wie Zauberei, dass man aus einer sechseckigen Anordnung der Atome in den Schichten zu einer quadratischen, würfelförmigen Elementarzelle kommt. Die Beziehung wird erst deutlich, wenn Sie zwei Würfel der Elementarzelle ne-

beneinander zeichnen. Diese beiden Elementarzellen enthalten alle Kugeln der Schichten A, B und C. Die in einer dichtesten Anordnung gepackten Schichten liegen allerdings senkrecht zu jeder Raumdiagonalen des Würfels. Eine räumliche Vorstellung davon entwickeln Sie am besten unter Verwendung von Gittermodellen, die Sie in alle Richtungen vor Ihrem Augen drehen und wenden können, bis Sie den Blick in verschiedene Raumrichtungen erfassen.

Anzahl der Atome einer Elementarzelle

Bei der systematischen Beschreibung von Kristallstrukturen sollte man nicht nur die Größe und Form der Elementarzelle, sondern auch die Anzahl der Teilchen in der Elementarzelle kennen. Dazu können wir allerdings nicht einfach alle Kugeln zusammenzählen, die in der bildlichen Darstellung sichtbar sind: Da die Elementarzelle nur ein Baustein des dreidimensionalen Kristallgitters ist, schließen sich in allen drei Raumrichtungen gleichartige Bausteine an. Am Beispiel der **kubisch dichtesten Kugelpackung** mit ihrer kubisch flächenzentrierten Elementarzelle wird das deutlich: Die Atome auf den Flächenmitten gehören zu gleichen Teilen zwei benachbarten Würfeln – sie werden quasi durch die Grenzfläche des Würfels zerschnitten. Dadurch ergibt sich ein Anteil von 1/2 für die Zugehörigkeit der Kugel zur Elementarzelle. Da der Würfel sechs Begrenzungsflächen hat, gehören also 6/2 Atome zur Elementarzelle. Die Ecken des Würfels grenzen immer an sieben weitere Würfelecken (ganz einfach: legen sie vier Stückchen Würfelzucker vor sich hin und schieben Sie sie zusammen; die Raumordnung ergibt sich, wenn sie vier weitere Stückchen darüber legen; in der Mitte ihres Stapels haben Sie dann ein Kreuz gebildet, das von acht Stückchen Zucker eingeschlossen wird; genau im Zentrum dieses Kreuzes liegt ein Atom!) Die Ecke eines Würfels gehört also gleichzeitig zu acht Würfeln; acht Ecken enthalten dann 8/8 Atome. Die kubisch flächenzentrierte Elementarzelle enthält damit insgesamt 6/2 + 8/8 = 4 Teilchen pro Elementarzelle (⊚ Abb. 4.7).

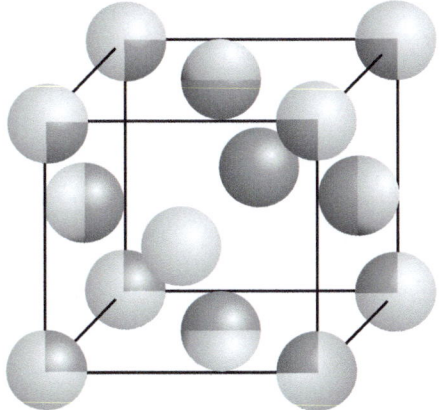

Abb. 4.7 Anteile der Atome innerhalb einer Elementarzelle

In analoger Weise gehören Teilchen auf einer Würfelkante gleichermaßen zu insgesamt vier Würfeln. Nur Teilchen, die sich vollständig innerhalb einer Elementarzelle befinden, werden dieser auch voll zugerechnet. Diese Zählprinzipien gelten für Elementarzellen beliebiger Symmetrie, nicht nur der kubischen.

Raumerfüllung in dichtesten Kugelpackungen

In den dichtesten Kugelpackungen liegt die größtmögliche Raumerfüllung vor, die bei einer Packung gleich großer Kugeln erreicht werden kann. Dabei wird das Volumen aber nicht vollständig ausgefüllt (wieder ein kleiner (Gedanken-)Versuch: Nehmen Sie ein

rundes Gefäß und legen Sie eine Anzahl von Kugeln (Bällen) in einer dichtesten Packung hinein; übergießen Sie Ihre Packung mit Wasser – das Gefäß wird so schnell nicht überlaufen …; haben Sie ein Becherglas mit Skalierung verwendet, können Sie sogar die Volumenanteile der Kugel und des Wassers bestimmen).

Mit ein paar Grundkenntnissen der Geometrie können wir berechnen, wie groß jeweils der Anteil der Kugeln und der der verbleibenden Lücken am gesamten Raumvolumen ist. Am einfachsten lässt sich dies am Beispiel der kubisch flächenzentrierten Elementarzelle ermitteln. Ihr Volumen V beträgt: $V = a^3$, die Anzahl der Atome in der Elementarzelle ist vier. Zu berechnen ist nun das gesamte Volumen der insgesamt vier Teilchen in der Elementarzelle. Die Kugeln berühren sich in der Zelle entlang einer Flächendiagonalen des Würfels. Die Diagonale hat gemäß dem Satz des Pythagoras eine Länge von $a\sqrt{2}$. Sie entspricht durch die Aneinanderreihung der Atome dem vierfachen Radius r eines Teilchens.

$$r = \frac{a}{4}\sqrt{2}$$

Eine einzelne Kugel hat das Volumen V_{Kugel}, das Volumen aller vier Kugeln in der Elementarzelle ist dann in Bezug auf das Volumen der Zelle zu berechnen.

$$V_{Kugel} = \frac{4}{3}\pi \cdot r^3$$

$$V_{Kugel/Zelle} = 4 \cdot \frac{4}{3}\pi \cdot r^3 = 4 \cdot \frac{4}{3}\pi \cdot \left(\frac{a}{4}\sqrt{2}\right)^2 = 0{,}74a^3$$

Es werden also 74 % des Volumens der kubischen Elementarzelle von Teilchen eingenommen, 26 % des Volumens entfallen auf die Lücken. Die gleichen Zahlenwerte ergeben sich bei einer analogen Betrachtung der hexagonal dichtesten Kugelpackung.

❶

- Das *Prinzip der dichtesten Kugelpackungen* beschreibt die Anordnung möglichst vieler, gleich großer Kugeln in einem gegebenen Volumen.
- Die **Elementarzelle** ist der kleinstmögliche Baustein eines kristallinen Feststoffs, der alle Informationen über seinen inneren Aufbau enthält. Bei der Bildung eines makroskopischen Kristalls wird die Elementarzelle periodisch in alle drei Raumrichtungen vervielfältigt.
- Die **hexagonal dichteste Kugelpackung** hat eine Stapelfolge ABAB der sechseckigen Schichten. Es resultiert eine hexagonale Elementarzelle.
- Die **kubisch dichteste Kugelpackung** hat eine Stapelfolge ABC der sechseckigen Schichten. Die Elementarzelle wird durch einen flächenzentrierten Würfel dargestellt.
- Die dichtesten Kugelpackungen haben eine *Raumausfüllung* von 74 %.

Fragen

8. Bestimmen Sie die Zusammensetzung der Verbindungen aus folgenden Ionensorten: $K^+ + I^-$, $Ba^{2+} + I^-$, $Sc^{3+} + I^-$, $Li^+ + O^{2-}$, $Sr^{2+} + O^{2-}$, $Y^{3+} + O^{2-}$, $Na^+ + N^{3-}$, $Mg^{2+} + N^{3-}$, $Ti^{3+} + N^{3-}$.

9. Was ist eine Elementarzelle?

10. Welche Koordinationszahl haben Atome in den dichtesten Kugelpackungen?

11. Wie viele Atome enthält eine kubisch flächenzentrierte Elementarzelle?

4.3.2 Lücken in Kugelpackungen

Selbst die Anordnung von Atomen in den dichtesten Kugelpackungen erlaubt keine vollständige Auffüllung des Volumens. So bleiben immer mindestens 26 % Raumes nicht ausgefüllt. (Wir können dazu wieder ein Gedankenexperiment machen: Wenn Sie ein Gefäß mit großen Kieselsteinen füllen, erkennen Sie nicht ausgefüllte Hohlräume zwischen den Steinen. Lassen Sie kleinere Kiesel in das Gefäß rinnen, füllen sich die Hohlräume auf. Umgekehrt funktioniert das Experiment *nicht*: Nehmen Sie erst die kleineren Kiesel, ist das Gefäß gefüllt und Sie können die größeren nicht mehr dazwischen packen.) Wir erkennen ein wichtiges Prinzip des Aufbaus von Ionenkristallen: Die Packungsdichte von Kugeln kann erhöht werden, wenn unterschiedlich große Sorten in einer Packung *und* in den Lücken der Packung angeordnet werden. In der Regel sind die Anionen größer als die Kationen, sie bilden deshalb meistens die dichteste Kugelpackung. Die kleineren Kationen besetzen die Lücken innerhalb der Packung.

Oktaederlücken in der dichtesten Kugelpackung

Die Lage der Atome in den dichtesten Kugelpackungen bedingt eine charakteristische Anordnung/Umgebung der Lücken zwischen ihnen. Wird eine Lücke von jeweils drei Atomen in zwei benachbarten Schichten umgeben, entsteht eine Oktaederlücke (⊚ Abb. 4.8). Verbindet man alle sechs Atome miteinander, entsteht eine definierte geometrische Form – ein Polyeder (ein „Vielflächner"). Da dieses Polyeder in der kubisch dichtesten Kugelpackung acht Flächen hat, ist es ein Oktaeder. Verwechseln Sie dabei nicht die Anzahl der Atome und die Anzahl der begrenzenden Flächen miteinander. Ein Oktaeder hat acht Flächen und sechs Ecken (ein Würfel aber hat sechs Flächen und acht Ecken – ist also formal ein Hexaeder). Die Grundfläche des Oktaeders bilden vier Atome in einer quadratischen Anordnung. Ein Atom bildet die obere Spitze des Oktaeders, ein weiteres die untere Spitze. Beide Spitzen liegen über bzw. unter dem Mittelpunkt der quadratischen Grundfläche. In der Mitte dieses Oktaeders befindet sich schließlich die Oktaederlücke.

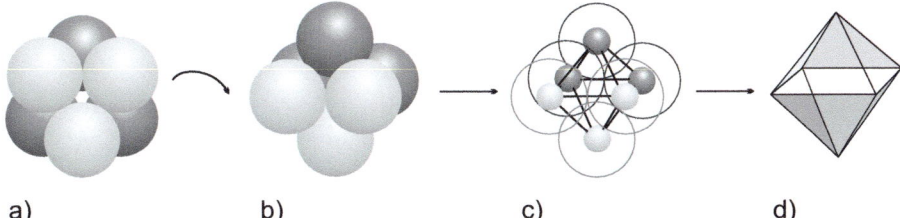

a)   b)   c)   d)

Abb. 4.8 Oktaederlücke: a) Lage der Atome in den Schichten der dichtesten Kugelpackung, b) Lage der Atome in einer quadratischen Grundfläche mit zwei Spitzen, c) Darstellung der Anordnung und Verknüpfung der Atome mit einer reduzierten Größe der Kugeln, d) Darstellung des Polyeders ohne begrenzende Atome

Sie erkennen die Anordnung der Atome um eine Oktaederlücke auch bei Betrachtung der Elementarzelle der kubisch dichtesten Kugelpackung. Weitere Oktaederlücken werden gemeinsam durch Atome benachbarter Elementarzellen gebildet. Der Mittelpunkt der weiteren Oktaeder liegt jeweils in der Mitte der Würfelkanten (▶ Binnewies, Abb. 4.11). Binnewies, Abb. 4.11 Bei der Zählung der Positionen der Lücken gelten die gleichen Regeln wie bei der Bestimmung der Anzahl von Atomen in der Elementarzelle: Der Würfel wird durch insgesamt zwölf Kanten begrenzt. Jede Kante schließt sich an vier benachbarte Elementarzellen an, sodass die Position auf der Kante zu einem Viertel der Elementarzelle zuzurechnen ist. Die Oktaederlücke in der Würfelmitte gehört ausschließlich zu der betrachteten Elementarzelle. Insgesamt enthält die Elementarzelle also 1 + 12/4 = 4 Oktaederlücken. Da die Elementarzelle auch vier Kugeln der packungsbildenden Atomsorte enthielt, gilt: In den

dichtesten Kugelpackungen gibt es in Bezug auf die Anzahl der Atome in der Packungen die gleiche Anzahl an Oktaederlücken.

Tetraederlücken in der dichtesten Kugelpackung

Wird eine Lücke von drei Atomen in einer Schicht und einem einzelnen Atom der zweiten Schicht umgeben, entsteht eine Tetraederlücke. Das entstehende Polyeder hat vier Flächen, es ist ein Tetraeder (Achtung: Das Tetraeder hat vier Flächen *und* vier Ecken, die Anzahl der Ecken ist aber nicht namensgebend) (◉ Abb. 4.9).

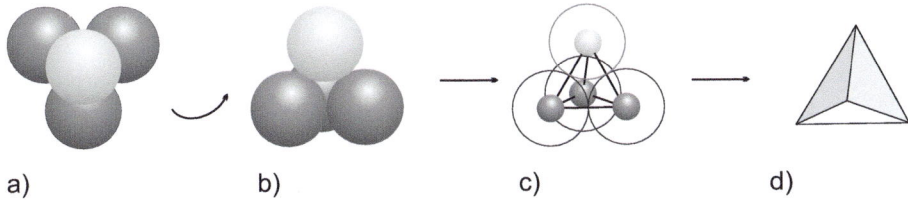

a)   b)   c)   d)

Abb. 4.9 Tetraederlücke: a) Lage der Atome in den Schichten der dichtesten Kugelpackung, b) Lage der Atome in einer Dreiecksgrundfläche mit einer Spitze, c) Darstellung der Anordnung und Verknüpfung der Atome mit einer reduzierten Größe der Kugeln, d) Darstellung des Polyeders ohne begrenzende Atome

Bei Betrachtung der Elementarzelle der kubisch dichtesten Kugelpackung entsteht diese Lücke durch Verknüpfung eines Atoms in der Ecke des Würfels mit drei benachbarten Atomen auf den Würfelmitten. Die beschriebene Tetraederlücke liegt vollständig innerhalb des Würfels der Elementarzelle, kann der Zelle also voll zugerechnet werden. Wenn von jeder Würfelecke aus eine Tetraederlücke zu den Flächenmitten aufgespannt wird, ergeben sich insgesamt acht Tetraederlücken innerhalb des Würfels. Da der Würfel aus vier Atomen gebildet wurde, entstehen in der Packung doppelt so viele Tetraederlücken.

Die kubisch flächenzentrierte Elementarzelle besteht, wie wir gesehen haben, aus insgesamt vier (8/8 + 6/2) Teilchen; darauf entfallen vier Oktaederlücken und acht Tetraederlücken. Verallgemeinert bedeutet dies: *Eine dichteste Kugelpackung aus n Teilchen enthält n Oktaederlücken und 2n Tetraederlücken.*

Die Größe der Lücken in dichtesten Kugelpackungen

Wir haben gesehen: Die Lücken in den dichtesten Kugelpackungen werden von einer unterschiedlichen Anzahl an Atomen bzw. Ionen umgeben. Die Anzahl der umgebenden Teilchen nennt man **Koordinationszahl**. Die Koordinationszahl korrespondiert mit der Größe der Lücke: Je mehr Teilchen ein Polyeder umgeben, umso größer ist die darin eingeschlossene Lücke. Nur: Welchen Platz nimmt ein Kation in einer Oktaeder- oder Tetraederlücke denn tatsächlich ein?

Eine anschauliche Vorstellung gewinnen Sie für den verfügbaren Raum innerhalb der Oktaederlücke: Je vier Atome bilden die quadratische Ebene des Oktaeders. Berühren sich die Kugeln (bzw. Kreise) der Eckatome der quadratischen Fläche gerade eben, ergibt sich eine Kantenlänge des Quadrats von $2 \cdot r_-$. Entlang der Flächendiagonalen verbleibt zwischen den Radien der vier packungsbildenden Atome eine Lücke mit dem Durchmesser $2 \cdot r_+$ (▶ Binnewies, Abb. 4.12). Die Anwendung des Satzes von Pythagoras ergibt, dass das optimale Verhältnis zwischen Kationenradius und Anionenradius 0,414 beträgt. Der Zahlenwert von r_+/r_- wird als *Radienquotient* bezeichnet. Eine Lücke wird aber nur dann besetzt, wenn sie mindestens vollständig ausgefüllt ist. Wäre ein Atom in der Lücke zu klein, würden sich die umgebenden Atome (meistens die Anionen) zu nahe kommen und sich aufgrund der hohen Elektronendichten der Valenzschale gegenseitig abstoßen – die

Binnewies, Abb. 4.12

Anordnung wäre instabil. Im diskutierten Fall bedeutet dies, dass ein Ion in der Oktaederlücke mindestens den Radienquotienten von 0,414 erfüllen sollte – besser aber etwas größer ist. In ähnlicher Weise lässt sich das optimale Radienverhältnis von 0,225 bei der Besetzung einer Tetraederlücke berechnen. Ionen in Tetraederlücken sollten einen Radienquotienten von 0,225 bis etwa 0,414 aufweisen ($\circ$ Tab. 4.3).

Die Rechnungen belegen, dass die Tetraederlücke wesentlich kleiner als die Oktaederlücke ist. Die Besetzung der Tetraederlücke durch ein kleineres Kation korrespondiert mit einer kleineren Anzahl umgebender Teilchen – die Koordinationszahl ist vier. Größere Kationen werden von sechs nächsten Nachbarn in einer Oktaederlücke umgeben – die Koordinationszahl ist sechs.

Ist das Kation größer, als es einem Radienverhältnis von 0,732 entspricht, reicht der Platz in den dichtesten Kugelpackungen nicht mehr aus. Die Anionen werden so weit verrückt, dass eine Anordnung mit der Koordinationszahl acht möglich wird. Das Kation ist dann würfelförmig von acht Anionen koordiniert. Die Auffüllung der Lücke kann mit Kationen erfolgen, die nahezu genauso groß wie das Anion sind ($\circ$ Tab. 4.3). Die Anionen sind dabei allerdings nicht mehr in einer dichtesten Packung organisiert. Die optimale Raumausfüllung ergibt sich hier durch die Wechselwirkung der größeren Kationen mit den Anionen.

Tab. 4.3 Zusammenhang zwischen Quotient der Ionenradien von Kationen (r_+) und Anionen (r_-) und bevorzugter Ionenanordnung

Radienquotient r_+/r_-	Koordinationszahl	Anordnung
0,225–0,414	4	tetraedrisch
0,414–0,732	6	oktaedrisch
0,732–0,999	8	würfelförmig

❶

- In Ionenkristallen bilden in der Regel die größeren Anionen die dichtesten Kugelpackungen.
- Die Lücken der Packungen werden in der Regel durch die kleineren Kationen besetzt.
- Es werden bevorzugt Lücken mit 4, 6 oder 8 nächsten Nachbarn besetzt. Die Koordinationszahl korrespondiert mit der Größe der Ionen in den Lücken.
- Die Besetzung der Lücken ist maßgeblich vom Verhältnis der Ionenradien abhängig: Kleine Kationen besetzten Tetraederlücken ($r_+/r_- = 0,225 \dots 0,414$), mittelgroße Kationen besetzten Oktaederlücken ($r_+/r_- = 0,414 \dots 0,732$) und große Kationen besetzten Würfellücken ($r_+/r_- = 0,732 \dots 0,999$).

Fragen

12. Welche Teilchen besetzen in der Regel die Lücken in Kugelpackungen?

13. Was ist ein Polyeder?

14. Welche Polyeder stellen Lücken mit den Koordinationszahlen 4, 6 und 8 dar?

4.3.3 Aufbau von AB-Verbindungen

Die räumliche Darstellung von Kristallstrukturen erscheint Ihnen vielleicht zunächst verwirrend. Die Vorstellungskraft für die Anordnung von Atomen und Ionen in einem dreidimensionalen Raum müssen Sie erst noch entwickeln. In diesem Heft sind die wichtigsten Strukturen für Sie grafisch dargestellt. Hinweise zu Darstellungen derselben Strukturen im Binnewies (▶ Abschnitt 4.4) helfen Ihnen, unterschiedliche Blickrichtungen oder verschiedenartige Hervorhebungen von charakteristischen Strukturelementen zu erfassen und so eine Vorstellung von der räumlichen Anordnung der Atome zu entwickeln. Einige charakteristische Kriterien können Ihnen aber dabei helfen, eine sinnvolle Systematik aufzubauen, mit deren Hilfe Sie eine Vielzahl von Strukturen erfassen können, ohne jede im Einzelnen auswendig lernen zu müssen. Wir wollen im Folgenden stets annehmen, dass in einer ionischen Verbindung die Komponente A die Kationen beschreibt, während die Komponente B für die Anionen repräsentativ ist.

Binnewies, Abschn. 4.4

Als Ordnungsprinzipien bei der systematischen Betrachtung der Strukturen von Ionenverbindungen verwendet man die Zusammensetzungen der Verbindungen und die Koordinationszahlen der Kationen und Anionen. Sehr häufig und damit von besonderem Interesse für uns sind Verbindungen aus zwei Elementen mit den Zusammensetzungen AB und AB_2. Als Vertreter einer Kristallstruktur, die eine bestimmte Kombination aus Zusammensetzung und typischer Koordinationszahl repräsentiert, wählt man üblicherweise bekannte, häufig vorkommende Mineralien. So spricht man bei einer Vielzahl gleichartig aufgebauter AB-Verbindungen vom Steinsalz- oder NaCl-Typ, während man bei AB_2-Verbindungen häufig den Rutil-Typ (TiO_2) wiederfindet.

Koordinationszahl 4

Verbindungen der Zusammensetzung AB können wir uns im Grundaufbau als eine dichteste Packung der Anionen der Atomsorte B vorstellen. Sind die Kationen sehr viel kleiner sind als die Anionen, sollten in der Packung die Tetraederlücken besetzt werden. Die hexagonal dichteste Packung (hdp) ermöglicht diese Besetzung in gleicher Wiese wie die kubisch dichteste Packung (kdp) – die Energieunterschiede zwischen den beiden Strukturen sind in der Regel sehr klein. Für einige chemische Verbindungen gibt es zwei verschiedene Kristallstrukturen, die jeweils die unterschiedlichen Packungen nutzen.

Der Namensgeber dieser Strukturtypen ist Zinksulfid (ZnS), das in der Natur in zwei Kristallformen vorkommt: Bei dem häufig vorkommenden Mineral *Zinkblende* (auch *Sphalerit* genannt) bilden die Sulfid-Ionen eine kubisch dichteste Packung, während beim *Wurtzit* die Anionen eine hexagonal dichteste Packung aufweisen (▶ Binnewies, Abb. 4.13). Dementsprechend spricht man vom Zinkblende- bzw. Wurtzit-Typ. Da in der dichtesten Packung ursprünglich doppelt so viele Tetraederlücken wie packungsbildende Sulfid-Ionen vorliegen, kann in Zinksulfid nur die Hälfte der Tetraederlücken mit Kationen besetzt sein. Diese werden in geordneter Weise so belegt, dass die Kationen den größtmöglichen Abstand zueinander haben. Dadurch wird die gegenseitige elektrostatische Abstoßung der Zn^{2+}-Kationen so klein wie möglich gehalten. In der kubisch flächenzentrierten Elementarzelle der Zinkblende sind in der oberen und unteren Hälfte der Elementarzelle je zwei Tetraederlücken besetzt, die jedoch nicht übereinander liegen. Sowohl die Zink- als auch die Sulfid-Ionen sind jeweils vierfach in Form eines Tetraeders koordiniert (◉ Abb. 4.10). Die Zinkblende-Struktur ist eng verwandt mit der Diamant-Struktur, bei der die gleichen Positionen mit Kohlenstoff-Atomen als einziger Teilchenart besetzt sind.

Binnewies, Abb. 4.13

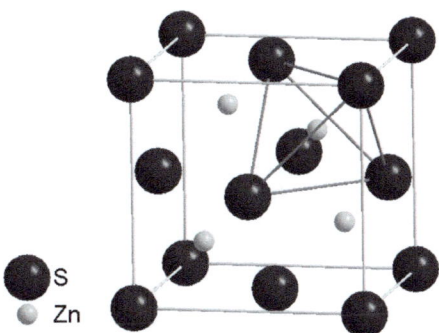

Abb. 4.10 Struktur des kubischen Zinksulfids (Zinkblende-/Sphalerit-Typ); Hervorhebung der tetraedrischen Koordination der Zink-Atome durch Schwefel

In der hexagonalen Wurtzit-Struktur wird gleichfalls nur die Hälfte der Tetraederlücken besetzt. Hier wirkt die elektrostatische Abstoßung sogar noch stärker. Da die Tetraeder untereinander über Dreiecksflächen miteinander verknüpft sind, kämen sich die Kationen in gegenüberliegenden Lücken sehr nahe. Im hexagonalen ZnS werden deshalb nur Tetraederlücken besetzt, die die gleiche Richtung (der Tetraederspitze) in der Elementarzelle haben. Alle dazu an der Dreiecksgrundfläche gespiegelten Lücken bleiben unbesetzt.

Koordinationszahl 6

Erreicht das Radienverhältnis r_+/r_- einen mittleren Wert zwischen 0,414 und 0,732, wird die oktaedrische Koordination des Kations in der dichtesten Packung der Anionen bevorzugt. Die Tetraederlücken bleiben dabei unbesetzt. (Die Tetraeder sind sehr dicht über gemeinsame Flächen mit den Oktaedern verknüpft – eine gleichzeitige Besetzung führt zu sehr starker Abstoßung und ist nicht stabil.)

Bei einer Zusammensetzung AB bilden die Anionen der Atomsorte B eine dichteste Kugelpackung, die Kationen A besetzen alle verfügbaren Oktaederlücken. Mit einer kubisch dichtesten Packung erhalten wir die *Natriumchlorid-Struktur* (NaCl- oder Steinsalz-Typ), im Fall der hexagonalen Packung die *Nickelarsenid-Struktur* (NiAs-Typ). Aufgrund der Besetzung der Oktaederlücken ergibt sich für die Natrium-Ionen eine Koordinationszahl von sechs. Die Chlorid-Ionen sind dabei ebenfalls oktaedrisch von sechs Natrium-Ionen umgeben. Man sollte aber vermeiden zu sagen, die Chlorid-Ionen säßen in einer Oktaeder-Lücke – sie bilden schließlich die Packung. In der Darstellung der Elementarzelle werden in der Regel die Anionen in die Ecken gelegt. Dadurch ergibt sich für den NaCl-Typ ein kubisch flächenzentriertes Gitter der Chlorid-Ionen mit einer Besetzung der Oktaederlücken durch die Natrium-Kationen in der Mitte des Würfels sowie auf allen Kanten (◉ Abb. 4.11, ▶ Binnewies, Abb. 4.14).

Binnewies, Abb. 4.14

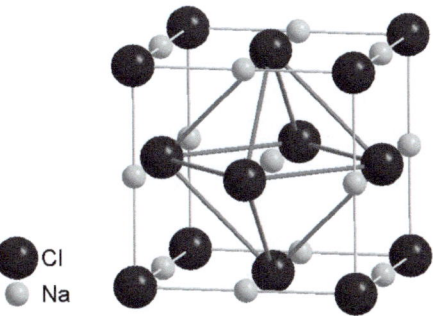

Abb. 4.11 Struktur des NaCl-Typs; Hervorhebung der oktaedrischen Koordination der Natrium-Atome durch Chlor

In der Nickelarsenid-Struktur bilden die Arsen-Atome eine hexagonal dichteste Kugel-packung, die Nickel-Atome besetzen die Oktaederlücken. Da die Zusammensetzung AB ist, muss die Koordinationszahl für beide Ionensorten identisch sein – Arsen ist dann auch mit der Koordinationszahl sechs von den Nickel-Kationen umgeben. In den zuvor vorgestellten Verbindungen, Zinkblende, Wurtzit und Natriumchlorid, hatten die Katio-nen und Anionen bei identischen Koordinationszahlen auch identische Koordinations-polyeder. Es ist aber keine Regel, dass die Koordinationspolyeder gleichartig sein müs-sen: Bei Nickelarsenid weist das Arsen-Atom ein trigonales Prisma als Polyeder mit der Koordinationszahl sechs auf. Ein trigonales Prisma entsteht, wenn zwei Dreiecksflächen benachbarter Schichten deckungsgleich übereinanderliegen (⊙ Abb. 4.12, ▶ Binnewies, Abb. 4.15). Aus elektrostatischer Sicht ist eine oktaedrische Anordnung von sechs Katio-nen um ein Anion günstiger, weil diese dann einen größeren Abstand voneinander haben und so die abstoßenden Kräfte geringer sind. Entsprechend treten Verbindungen mit Na-triumchlorid-Struktur wesentlich häufiger auf als Vertreter der Nickelarsenid-Struktur. Nickelarsenid-Strukturen ergeben sich dagegen, wenn der Bindungscharakter zuneh-mend kovalent wird.

Binnewies, Abb. 4.15

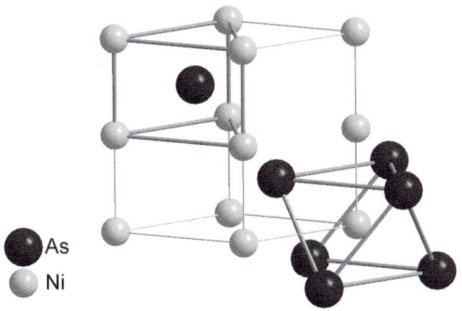

Abb. 4.12 Struktur des NiAs-Typs; Hervorhebung der oktaedrischen Koordination der Nickel-Atome durch Arsen und der trigonal-prismatischen Umgebung der Arsen Atome durch Nickel

Koordinationszahl 8

Bei der Behandlung der dichtesten Kugelpackungen haben wir gesehen, dass die größte dort vorhandene Lücke die Oktaederlücke ist. Bei sehr großen Kationen ist es elektrosta-tisch günstiger, mehr als sechs Anionen um ein Kation anzuordnen. Die dichtesten Kugelpackungen bieten hierfür jedoch keine Möglichkeiten. Die Strukturen von Ionen-verbindungen mit besonders großem Radienquotienten r_+/r_- lassen sich also nicht von dichtesten Kugelpackungen ableiten. Eine Anionenpackung, welche die Koordinations-zahl 8 möglich macht, wird durch eine Elementarzelle beschrieben, in der die Anionen die acht Ecken eines Würfels besetzen. Das Kation besetzt dann die Mitte des Würfels. Der ideale Radienquotient für diese Anordnung ist 0,732. Der Namensgeber ist das **Cae-siumchlorid** (CsCl-Typ) (⊙ Abb. 4.13, ▶ Binnewies, Abb. 4.16).

Binnewies, Abb. 4.16

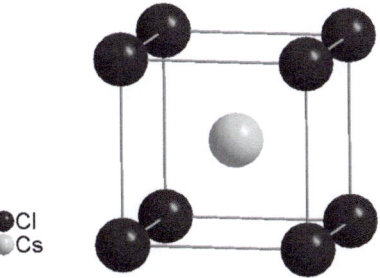

Abb. 4.13 Struktur des CsCl-Typs; würfelförmige Koordination der Caesium-Atome durch Chlor

❶
- Kleine Kationen besetzen in Verbindungen mit der Zusammensetzung AB die Hälfte der Tetraederlücken. In der kubisch dichtesten Kugelpackung wird der Sphalerit-Typ, in der hexagonal dichtesten Kugelpackung der Wurtzit-Strukturtyp des Zinksulfids (ZnS) gebildet.
- Mittelgroße Kationen besetzen in Verbindungen mit der Zusammensetzung AB alle Oktaederlücken. In der kubisch dichtesten Kugelpackung wird der Steinsalz-(NaCl-)Strukturtyp, in der hexagonal dichtesten Kugelpackung der Nickelarsenid- (NiAs-)Typ gebildet.
- Große Kationen besetzen in Verbindungen mit der Zusammensetzung AB Würfellücken. Dabei bildet sich der Caesiumchlorid- (CsCl-)Typ aus.

Fragen

15. Wie ist die Zusammensetzung von Ionenkristallen bei Besetzung aller Oktaederlücken?

16. Warum werden in der hexagonal dichtesten Kugelpackung nicht alle Tetraederlücken besetzt?

17. Welches Radienverhältnis der beteiligten Ionensorten haben Verbindungen im CsCl-Typ typischerweise?

4.3.4 Aufbau von AB_2-Verbindungen

Die Bildung von Verbindungen mit der Zusammensetzung AB_2 folgt im Grunde den gleichen Prinzipien wie bei den AB-Verbindungen. Auch hier werden die Lücken innerhalb der Kugelpackungen entsprechend der Radienverhältnisse besetzt. Aufgrund der Zusammensetzung A:B = 1:2 können die Koordinationszahlen für Kation A und Anion B aber nicht gleich sein. Jedes Kation A muss von doppelt so vielen Teilchen umgeben sein wie das Anion B. Das Verhältnis der Koordinationszahlen muss also das Zahlenverhältnis der Komponenten in der Verbindung widergeben.

Koordinationszahl 4

Die Koordinationszahl vier wird auch in Verbindungen der Zusammensetzung AB_2 von Kationen mit kleinen Radienquotienten realisiert. Ein häufig auftretender Strukturtyp ist der β-*Cristobalit-Typ*. β-Cristobalit ist eine Modifikation von Silicium(IV)-oxid (SiO_2). Die Strukturen der anderen Modifikationen von SiO_2 haben ähnliche Anordnungen – Silicium hat darin immer die Koordinationszahl vier. Der β-Cristobalit-Typ ist jedoch besonders einfach, die Struktur lässt sich formal von der dichtesten Kugelpackung ableiten.

Für die Ableitung erweist es sich als sinnvoll, die Anordnungen der Kationen und Anionen gesondert zu betrachten. Man spricht hier von Kationen- bzw. Anionen-*Untergittern*. Die Positionen der Silicium-Atome im Kationen-Untergitter entsprechen dabei dem Diamant-Gitter. Das Kristallgitter des Diamants wiederum entsteht durch Besetzung der Hälfte der Tetraederlücken einer kubisch dichtesten Kugelpackung. In β-Cristobalit werden die Bindungen der Silicium-Atome wie mit einer chemischen Schere aufgeschnitten und jeweils durch ein Sauerstoff-Atom neu verknüpft (⊚ Abb. 4.14, ▶ Binnewies, Abb. 4.17). Die Anionen nehmen dadurch Positionen zwischen zwei benachbarten Silicium-Atomen

Binnewies, Abb. 4.17

ein. Auf diese Weise ist die Koordinationszahl des Siliciums 4, die des Sauerstoffs 2. Man spricht auch von einer (4:2)-Koordination. Das Verhältnis der Koordinationszahlen spiegelt die Zusammensetzung der Verbindung umgekehrt wider.

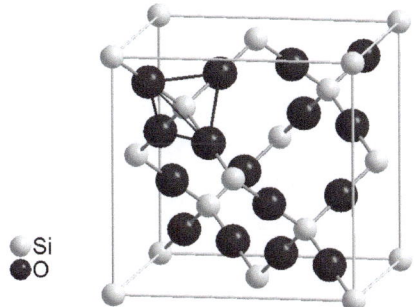

Abb. 4.14 Struktur des β-Cristobalit-Typs (SiO_2); Hervorhebung der tetraedrischen Koordination der Silicium-Atome durch Sauerstoff

Koordinationszahl 6

Verbindungen der Zusammensetzung AB_2 können durch die Besetzung der Hälfte aller Oktaederlücken entstehen. Tatsächlich gibt es zahlreiche Verbindungen dieser Art. Allerdings entspricht deren Aufbau oft nicht den Regeln, die für den Aufbau von Ionenverbindungen gelten. Überraschenderweise werden häufig zwischen zwei Anionenschichten alle Oktaederlücken mit Kationen besetzt, während zwischen den darauf folgenden Schichten alle Oktaederlücken unbesetzt bleiben. Dies führt zu der unerwarteten Situation, dass zwei Anionenschichten unmittelbar benachbart sind, die nicht durch die anziehende Kraft von Kationen zusammengehalten werden. Derartige Strukturen heißen auch Schichtstrukturen. Der Aufbau dieser Verbindungen spiegelt sich in ihren Eigenschaften wider: Kristalle von Schichtverbindungen lassen sich sehr leicht in dünne Plättchen aufspalten. Die Spaltung erfolgt stets parallel zu den Schichten. Die Besetzung der Hälfte der Oktaederlücken in der hexagonal dichtesten Kugelpackung kann man mit der Cadmiumiodid (CdI_2)-Struktur (⊙ Abb. 4.15, ▶ Binnewies, Abb. 4.18), die Besetzung in der kubisch dichtesten Kugelpackung mit der Cadmiumchlorid ($CdCl_2$)-Struktur beschreiben. Schichtstrukturen treten besonders dann auf, wenn zusätzlich zu ionischen Bindungskräften auch kovalente Bindungsanteile eine Rolle spielen.

Binnewies, Abb. 4.18

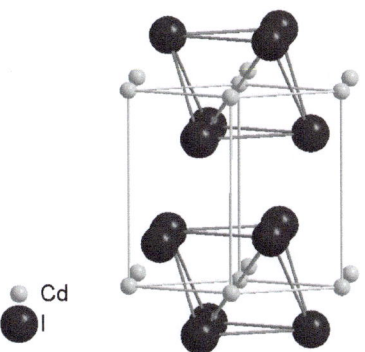

Abb. 4.15 Struktur des CdI_2-Typs; Hervorhebung der oktaedrischen Koordination der Cadmium-Atome durch Iod

Typisch ionische Verbindungen mit der Koordinationszahl 6 für das Kation kristallisieren besonders häufig im *Rutil-Typ*. Rutil ist eine der Modifikationen von Titan(IV)-oxid (TiO_2). Das Kation ist in der Rutil-Struktur oktaedrisch von sechs Sauerstoff-Ionen

umgeben (◉ Abb. 4.16, ▶ Binnewies, Abb. 4.19). Die Koordinationszahl für das Sauerstoff-Atom beträgt drei. Ein Sauerstoff-Ion ist in Form eines gleichseitigen Dreiecks von drei Titan(IV)-Ionen umgeben (trigonal-planare Koordination), Abb. 4.16. Eine unmittelbare Beziehung dieses Strukturtyps zur dichtesten Kugelpackung besteht nicht.

Binnewies, Abb. 4.19

Abb. 4.16 Struktur des Rutil-Typs (TiO_2); Hervorhebung der oktaedrischen Koordination der Titan-Atome durch Sauerstoff und der trigonal-planaren Umgebung der Sauerstoff-Atome durch Titan

Koordinationszahl 8

In einer typischen AB_2-Verbindung, dem **Calciumfluorid** (CaF_2, Fluorit bzw. Flussspat), ist der Radienquotient des Kations ($r_{Ca}/r_F = 126/117$) so groß, dass die Koordinationszahl 8 zu erwarten ist. Wir haben aber bereits am Beispiel des CsCl-Typs abgeleitet, dass es in den dichtesten Kugelpackungen keine Anordnung mit der Koordinationszahl 8 gibt. In Analogie zum Aufbau von AB-Verbindungen sollte wie beim Caesiumchlorid eine würfelförmige Koordination für die Calcium-Ionen resultieren. Um die Zusammensetzung 1:2 im Calciumfluorid zu gewährleisten, muss jedoch die Mitte jedes zweiten Würfels unbesetzt bleiben (◉ Abb. 4.17, ▶ Binnewies, Abb. 4.20).

Binnewies, Abb. 4.20

Die Struktur kann man sich aber auf andere Weise besser vorstellen: im CaF_2 bilden die Calcium-Kationen eine kubisch dichteste Kugelpackung. Die Fluorid-Anionen besetzen darin alle Tetraederlücken. Da die Fluorid-Ionen für die Tetraederlücke viel zu groß sind, wird das Gitter stark aufgeweitet. Vom Standpunkt der Radienquotienten aus gesehen, ist die Beziehung zum CsCl-Typ also näherliegend.

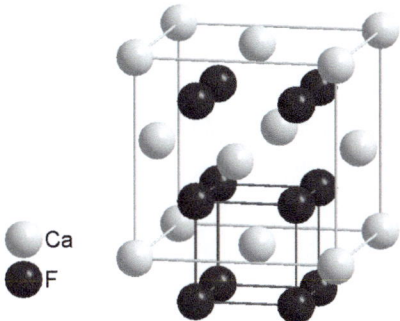

Abb. 4.17 Struktur des CaF_2-Typs; Hervorhebung der würfelförmigen Koordination der Calcium-Atome durch Fluor

Es gibt allerdings eine Umkehrung der Kationen- und Anionen-Gitterplätze des Fluorit-Typs im Li_2O (Anti-Fluorit). In dessen Struktur bilden die Oxid-Ionen die kubisch dichteste Kugelpackung, während die kleinen Lithium-Kationen regulär die Tetraederlücken besetzen (◉ Abb. 4.18). Für die Lithium-Kationen gilt die Koordinationszahl vier, die Sauerstoff-Atome sind achtfach koordiniert. Eine Besetzung *aller* Tetraederlücken in der hexagonal dichtesten Kugelpackung ist nicht bekannt. Die Tetraeder sind hier über die Flächen miteinander verknüpft – eine gleichzeitige Besetzung aller Lücken ist wegen der starken elektrostatischen Abstoßung nicht möglich.

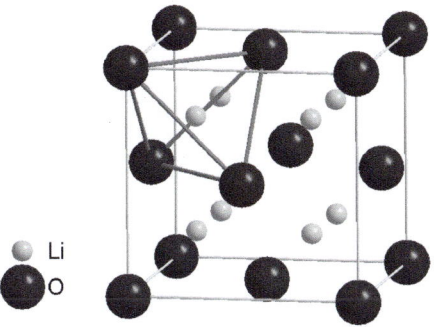

 Li

O

Abb. 4.18 Struktur des Li_2O-Typs; Hervorhebung der tetraedrischen Koordination der Lithium-Atome durch Sauerstoff

- In Verbindungen mit der Zusammensetzung AB_2 entspricht das Verhältnis der Koordinationszahlen dem Zahlenverhältnis der Komponenten in der Verbindung.
- Auch in Verbindungen mit der Zusammensetzung AB_2 haben kleine Kationen eine tetraedrische Koordination. Ein typischer Vertreter ist der Cristobalit-Typ (SiO_2).
- Mittelgroße Kationen besetzen in Verbindungen mit der Zusammensetzung AB_2 die Hälfte der Oktaederlücken, z. B. in den Strukturtypen der Verbindungen CdI_2 und $CdCl_2$. Ein weiterer typischer Vertreter für die Besetzung von Oktaederlücken ist der Rutil-Typ (TiO_2)
- Große Kationen besetzen in Verbindungen mit der Zusammensetzung AB_2 Würfellücken. Dabei bildet sich der Fluorit (CaF_2)-Typ aus.

Fragen

18. Warum treten in Schichtverbindungen zusätzliche kovalente Bindungsanteile auf?

19. Wie werden die Positionen des Kristallgitters im Anti-Fluorit-Typ besetzt?

4.3.5 Ausnahmen

Bisher haben wir verschiedene Ionenanordnungen im Zusammenhang mit dem jeweiligen Radienquotienten diskutiert. Das Radienverhältnis ist jedoch nur ein grober Leitfaden. Obwohl ein Großteil der ionischen Verbindungen in der vorausgesagten Struktur vorliegt, gibt es auch zahlreiche Ausnahmen (◦ Tab. 4.4). In der Praxis sagen die Regeln für ungefähr zwei Drittel aller Fälle die richtige Anordnung voraus.

Tab. 4.4 Verbindungen mit Besetzung von Lücken, die nicht der Radienquotientenregel entsprechen.

Verbindung	r_+/r_-	erwartete Struktur	tatsächliche Struktur
HgS (schwarz)	0,68	NaCl	ZnS (Sphalerit)
LiI	0,35	ZnS	NaCl
RbCl	0,99	CsCl	NaCl

An diesen extremen Beispielen zeigt sich, dass die Beschreibung der Strukturen von Ionenkristallen anhand der Verhältnisse der Ionenradien nur idealisiert erfolgt. Einen großen

Einfluss hat insbesondere die im Vorfeld getroffene Annahme, dass die Ionen als starre und nicht polarisierbare Kugeln anzusehen sind. Nur wenn diese Annahme gültig ist, treffen die geometrischen Ableitungen in hohem Maße zu. Nimmt die Polarisierung der Bindung und damit der kovalente Bindungscharakter zu, ist das Modell der ionischen Bindung nur noch eingeschränkt gültig. Dabei kommt zur Geltung, dass die Elektronendichte nicht kugelförmig im Raum verteilt ist und die Bindungsenergie nicht ausschließlich aus elektrostatischen Wechselwirkungen gewonnen wird. Gemäß den Fajans-Regeln ist Quecksilbersulfid (HgS) ein typischer Vertreter für stark polarisierte ionische Bindungen.

Auch in Lithiumiodid kann aufgrund der geringen Elektronegativitätsdifferenz von Lithium und Iod ein hoher kovalenter Bindungsanteil angenommen werden. Kristallstrukturuntersuchungen zu der Verbindung zeigen, dass die Elektronendichte von Lithium nicht kugelförmig um den Atomkern verteilt ist, sondern sich in Richtung der sechs benachbarten Anionen ausbreitet. Auf diese Weise wird eine Struktur stabilisiert, die bei Betrachtung starrer Kugel und ihrer Radienverhältnisse zu einer Durchdringung der Anionen und damit zur Abstoßung führen würde. Allerdings verändern sich die Ionenradien zum Teil erheblich mit der Koordinationszahl: Ein vierfach koordiniertes Lithium-Ion hat einen Radius von 73 pm, während der Radius des sechsfach koordinierten Ions 90 pm beträgt. In diesem Text werden durchweg die Ionenradien für sechsfache Koordination angegeben, außer bei den Elementen der zweiten Periode, bei denen vierfache Koordination häufiger vorkommt.

Für einige Strukturen sind die Energieunterschiede zwischen den verschiedenen Strukturtypen sehr gering. Rubidiumchlorid kristallisiert entgegen der Erwartung unter Standardbedingungen im Natriumchlorid-Typ, unter hohem Druck wird die Caesiumchlorid-Struktur gebildet. Die druckinduzierte Phasenumwandlung ist möglich, weil der Energieunterschied zwischen den beiden Strukturtypen gering ist.

In ◉ Tab. 4.5 sind die wichtigsten Strukturtypen noch einmal zusammengefasst.

Tab. 4.5 Strukturtypen von Ionenkristallen und deren Vertreter

Zusammen-setzung	Koordina-tionszahl	Strukturtyp	Vertreter
AB	4	ZnS (Sphalerit)	CuCl, CuBr, CuI, AgI, ZnO, BeS, ZnS, CdS, HgS, ZnSe, CdSe, GaAs, ...
	6	NaCl	LiX, NaX, KX, RbX (X = F, Cl, Br, I), AgF, AgCl, AgBr, NH_4I, MgO, CaO, SrO, BaO, MnO, FeO, CoO, NiO, ...
	8	CsCl	CsCl, CsBr, CsI, TlCl, TlBr, TlI, NH_4Cl, NH_4Br
AB_2	4:2	SiO_2 (Cristobalit)	SiO_2, BeF_2
	6:3	TiO_2 (Rutil)	MgF_2, MnF_2, FeF_2, NiF_2, ZnF_2, TiO_2, VO_2, NbO_2, MnO_2, SnO_2, ...
	8:4	CaF_2 (Fluorit)	CaF_2, SrF_2, BaF_2, CdF_2, PbF_2, $BaCl_2$, $SrCl_2$, ZrO_2, ThO_2, UO_2

4.3.6 Strukturen mit mehr als zwei Elementen

Strukturen mit komplexen Ionen auf Gitterplätzen

Bisher wurden nur die Strukturen von ionische Verbindungen mit zwei Komponenten (A und B) besprochen. Die Prinzipien gelten aber für Verbindungen, die mehratomige Moleküle als Ionen enthalten, in ganz ähnlicher Weise. Ist das mehratomige Molekül einigermaßen symmetrisch, kann es den Platz eines einatomigen Ions im Kristallgitter einneh-

men. Die Struktur von Kaliumperchlorat (KClO$_4$) lässt sich als verzerrte NaCl-Struktur beschreiben, in der die Chlorat-Anionen als Vertreter der Chlorid-Ionen die Packung bilden und die Kalium-Kationen die Plätze der Na$^+$-Ionen des NaCl-Gitters einnehmen. Eine Reihe von Carbonaten und Nitraten kristallisiert ebenfalls in verzerrter Anordnung der NaCl-Struktur, in der die Chlorid-Ionen durch das Carbonat- oder Nitrat-Anion ersetzt werden. Diese verzerrte Struktur ist als **Calcit-Typ** (Calcit = CaCO$_3$) bekannt. Aber auch komplexe Kationen können Gitterplätze der Packungen besetzen. So liegt das relativ große Ammonium-Kation NH$_4^+$ häufig in einer CsCl-Struktur anstelle der Cs$^+$-Kationen vor.

Bei Betrachtung der Radienverhältnisse in ionischen Verbindungen mit komplexen Ionen können über die Struktur hinaus auch chemische Eigenschaften beleuchtet werden. So sind Verbindungen mit relativ großen komplexen Anionen nicht sehr stabil, wenn das Kation die vorhandenen Lücken nicht ausfüllen kann. Eine Möglichkeit der Stabilisierung besteht dann in der Hydratisierung des Kations. Beispielsweise ist die wasserfreie Verbindung von Magnesiumperchlorat Mg(ClO$_4$)$_2$ so hygroskopisch, dass sie als Trocknungsmittel verwendet wird. Durch Aufnahme von Wasser bilden sich deutlich größere Hexaaquamagnesium(II)-Kationen [Mg(H$_2$O)$_6$]$^{2+}$, die die Lücken des Perchlorat-Gitters besser ausfüllen.

Strukturen mit mehreren Kationen auf verschiedenen Gitterplätzen

Wir haben bisher angenommen, dass eine Besetzung von Tetraeder- und Oktaederlücken in den dichtesten Packungen nicht möglich ist, da sich die Kationen in den dicht nebeneinander liegenden Lücken aufgrund der elektrostatischen Wechselwirkung abstoßen würden. Allerdings gibt es eine Möglichkeit der Stabilisierung, indem nicht alle Lücken der Packung gleichzeitig besetzt werden. Im **Spinell-Typ** (allgemeine Formel AB$_2$O$_4$) sind in der dichtesten Kugelpackung der Oxid-Ionen nur die Hälfte der Oktaederlücken durch die B-Kationen und sogar nur 1/8 der Tetraederlücken durch die A-Kationen besetzt. Die Unterscheidung der Positionen für die Kationensorten A und B erfolgt aufgrund der Ionenradien, der Ladungen oder durch weitere Wechselwirkungen der Elektronen. Im namensgebenden Mineral Spinell MgAl$_2$O$_4$ werden die Tetraederlücken durch die Mg^{2+}-Kationen besetzt. Die Al^{3+}-Kationen in den Oktaederlücken sind allerdings kleiner (68 pm) als die Mg^{2+}-Kationen (86 pm). Die höhere Ladung des Kations Al^{3+} führt hier mit der höheren Koordinationszahl in der Oktaederlücke zu einer stärkeren elektrostatischen Anziehung und damit zu einer Stabilisierung.

In der **Perowskit-Struktur** (ABO$_3$) ist eine Kationensorte deutlich größer, sie liegt deshalb gemeinsam mit dem Anion in einer gemeinsamen Packung vor. Die Koordinationszahl des größeren Kations A ist dabei 12. Das kleinere Kation B besetzt innerhalb der Packung Oktaederlücken. Da einige Oktaederlücken durch die Kationensorte A umgeben werden, käme es zur Abstoßung gleichartig geladener Teilchen innerhalb dieser Lücken – sie bleiben unbesetzt. Im Perowskit-Typ werden deshalb nur 1/4 der Oktaederlücken besetzt. Im namensgebenden Mineral Perowskit (CaTiO$_3$) liegt Ti^{4+} (75 pm) in den Oktaederlücken der Packung der Ca^{2+}- (126 pm) und Sauerstoff-Ionen (126 pm) vor (⊙ Abb. 4.19).

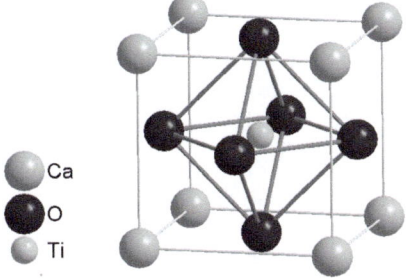

Abb. 4.19 Struktur des Perowskit-Typs (CaTiO$_3$); Hervorhebung der oktaedrischen Koordination der Titan-Atome durch Sauerstoff

4.4 Gitterenergie

Die bisherigen qualitativen Betrachtungen zur Stabilität von Ionenkristallen können durch Berechnungen verschiedener Energiebeiträge vertieft und quantifiziert werden. Da wir uns erst in späteren Kapiteln mit dem Energiehaushalt chemischer Reaktionen und Prozesse beschäftigen, soll hier nur ein kurzer Ausblick auf die Einflussgrößen der Gitterenergie gegeben werden. Die Gitterenergie einer ionischen Verbindung ist die Energieänderung bei der Bildung eines kristallinen Feststoffes aus den entsprechenden gasförmigen Ionen. Die Gitterenergie ist damit ein Maß für die gesamte elektrostatische Anziehung und Abstoßung der Ionen im Kristallgitter. Im Falle von Natriumchlorid entspricht die Gitterenthalpie also dem Energieumsatz für die folgende Reaktion:

$$Na^+(g) + Cl^-(g) \rightarrow Na^+Cl^-(s)$$

Coulomb-Energie und Madelung-Konstante

Ionenkristalle erhalten ihre Stabilität durch die elektrostatische Anziehung unterschiedlich geladener Teilchen. Die Energie der Wechselwirkung eines Ionenpaares kann mithilfe des Coulomb'schen Gesetzes beschrieben werden: (Ladung des Kations z_+, Ladung des Anions z_-, Elementarladung e, Dielektrizitätskonstanten ε_0, Kernabstand der Ionen d)

$$E_C = \frac{z_+ \cdot e \cdot z_- \cdot e}{4\pi \cdot \varepsilon_0 \cdot d}$$

Im Umfeld eines Ionenpaares ergeben sich weitere elektrostatische Wechselwirkungen zwischen Kationen und Anionen, die unterschiedlich zur Stabilität des Ionenkristalls beitragen. Mithilfe der Koordinationszahl kann festgestellt werden, wie viele Ionen in einer Sphäre zur Anziehung zwischen Kationen und Anionen bzw. zur Abstoßung zwischen gleichartig geladenen Ionen führt. Die Summation der Anzahl der koordinierenden Ionen in einem bestimmten Abstand d ergibt für die einzelnen Strukturen feststehende Werte – die Madelung-Konstante A (◉ Tab. 4.6). Näheres zu diesem Thema finden Sie auch im ▶ Binnewies, Abschn. 7.3

Binnewies, Abschn. 7.3

Tab. 4.6 Madelung-Konstante von typischen Ionenkristallen

Zusammensetzung AB Strukturtyp	Madelung-Konstante A	Zusammensetzung AB$_2$ Strukturtyp	Madelung-Konstante A
ZnS (Sphalerit)	1,638	TiO$_2$ (Rutil)	2,408
ZnS (Wurtzit)	1,641	CaF$_2$ (Fluorit)	2,519
NaCl	1,748		
CsCl	1,763		

Kommen sich die Elektronenhüllen von Ionen – gleich welcher Ladung – zu nahe, führt die Born'sche Abstoßung der Elektronen wieder zu einer Vergrößerung des Abstandes. Gemeinsam mit den Coulomb'schen Anziehungskräften ergibt sich ein Gleichgewichtszustand der einwirkenden Kräfte, in dem die Gitterenergie des Kristalls ein Maximum hat (Avogadro-Konstante N_A, Madelung-Konstante A, Born-Konstante B):

$$E_G = N_A \cdot A \cdot \frac{z_+ \cdot e \cdot z_- \cdot e}{4\pi \cdot \varepsilon_0 \cdot d} + \frac{B}{d_0^{\,n}}$$

Auf die Einzelheiten der Berechnung werden wir in einem folgenden Studienheft eingehen. Letztlich müssen wir noch beachten, dass diese physikalische Ableitung ohne Einfluss der Temperatur auf die Abstände der Ionen im Gitter – also bei 0 K – erfolgt. Berücksichtigt man eine entsprechende Korrektur, so erhält man beispielsweise für Natriumchlorid

eine Gitterenergie von etwa -770 kJ $\cdot$ mol^{-1}. Dieser Wert entspricht dem experimentellen Wert von -788 kJ $\cdot$ mol^{-1} recht gut.

Das Prinzip der voraussetzungsfreien Berechnung von Gitterenergien für verschiedene Gittertypen bei Besetzung mit beliebigen Kombinationen von Ionensorten ermöglicht eine recht gute Abschätzung von Stabilitäten der sich ergebenden Verbindungen.

Born-Haber-Kreisprozess

Mithilfe des Born-Haber-Kreisprozesses kann man verschiedene experimentelle Werte von Energien bei der Bildung von Ionenkristallen in einem Zyklus zusammenfassen und daraus die Gitterenergie bestimmen (siehe auch ▶ Binnewies, Abschn. 7.2). Basis der Berechnung ist der Grundsatz, dass die Energiebilanz eines Prozesses vom Anfangs- und Endzustand bestimmt ist, vom Weg bis zum Erreichen des Endzustandes aber unabhängig ist. Danach ist es für die Bildung von NaCl egal, ob die Reaktion direkt aus Natrium und Chlor erfolgt (a) oder ob das Produkt über mehrere Teilschritte (b) gebildet wird.

Binnewies, Abschn. 7.2

a) $Na(s) + 1/2\,Cl_2(g) \rightarrow NaCl(s)$
b) Sublimation $Na(s) \rightarrow Na(g)$
   Dissoziation $1/2\,Cl_2(g) \rightarrow Cl(g)$
   Ionisierung $Na(g) \rightarrow Na^+(g) + e^-$
   Elektronenaffinität $Cl(g) + e^- \rightarrow Cl^-(g)$
   Gitterenergie $Na^+(g) + Cl^-(g) \rightarrow NaCl(s)$

In dieses Schema können verschiedene weitere Energiebeträge eingefügt werden, wenn beispielsweise Ionen mit höherer Ladung gebildet werden sollen. Auf diese Weise lassen sich recht komplexe Abläufe bei der Bildung von Ionenkristallen erfassen und Stabilitäten von Verbindungen abschätzen. Wird die Bindung stärker polarisiert und erhöhen sich damit die kovalenten Bindungsanteile in einer Struktur, treten zunehmend Abweichungen von der auf diese Weise berechneten Gitterenergie auf.

Schmelztemperaturen

Einige charakteristische Eigenschaften von Ionenkristallen lassen sich mit den abgeschätzten Gitterenergien bereits eindeutig diskutieren. Besonders deutlich wird das anhand der Schmelztemperaturen der ionischen Verbindungen: Beim Schmelzprozess wird die elektrostatische Anziehung der Ionen teilweise überwunden, sodass sich die Ionen in der flüssigen Phase bewegen können. Der Betrag der Gitterenergie ist also ein Maß für die aufzubringende Energie im Schmelzprozess.

Aufgrund der starken elektrostatischen Wechselwirkungen haben ionische Verbindungen in der Regel sehr hohe Schmelztemperaturen. Dennoch können wir die Verbindungen aufgrund ihrer Zusammensetzung noch mal differenzieren. Je kleiner die Ionenradien sind, desto geringer ist der Abstand zwischen den einzelnen Ionen und umso stärker ist die elektrostatische Anziehung. Wir erkennen den Zusammenhang leicht in der Formel für die Coulomb'schen Energie – der Wert des Ionenabstands d geht reziprok in die Berechnung ein. Die Schmelztemperatur steigt mit der Gitterenergie. Am Beispiel der Natriumhalogenide wird deutlich, dass die Gitterenergie für das kleine Fluorid-Ion den höchsten Wert hat, die Schmelztemperatur für NaF damit die höchste in dieser Reihe ist (996 °C). Mit dem systematischen Abfall der Gitterenthalpien sinkt auch die Schmelztemperatur bis zu NaI (661 °C) (⊙ Tab. 4.7).

In die Gleichung zur Berechnung der Coulomb'schen Energie gehen die Ladungen der Ionen als quadratische Werte ein. Die Gitterenergie muss sich entsprechend deutlich ändern, wenn höher geladene Ionen in einer Struktur vorliegen. Das Beispiel der Erdalkalimetalloxide, die alle im NaCl-Typ kristallisieren, zeigt, dass die zweifach geladenen Ionen

4 Die Ionenbindung   40

(z. B. Mg^{2+} und O^{2-}) insgesamt zu einem Vierfachen des Wertes der Gitterenthalpie im Vergleich zu den Alkalimetallhalogeniden führen. So hat Magnesiumoxid (MgO) eine Schmelztemperatur von 2830 °C, während die Schmelztemperatur von Natriumchlorid (NaCl) mit 801 °C deutlich niedriger ist. Für die Erdalkalimetalloxide ergibt sich schließlich ein systematischer Trend in Abhängigkeit von der Größe der Kationen: Bariumoxid hat in der Reihe die niedrigste Schmelztemperatur von 2670 °C (◉ Tab. 4.7).

Tab. 4.7 Schmelztemperaturen T_m von Verbindungen im NaCl-Typ

Verbindung	Gitterenthalpie (in kJ · mol⁻¹)	T_m (in °C)	Verbindung	Gitterenthalpie (in kJ · mol⁻¹)	T_m (in °C)
NaF	−928	996	MgO	−3800	2830
NaCl	−788	801	CaO	−3419	2930
NaBr	−689	747	SrO	−3222	2670
NaI	−645	661	BaO	−3034	2010

Fragen

20. Welche Bedeutung hat die Madelung-Konstante für die Bestimmung der Gitterenergie?

21. Recherchieren Sie die Schmelztemperatur von MgF_2. Erklären Sie den Wert anhand der Werte in ◉ Tab. 3.7.

Die metallische Bindung

5

5.1 Metallgitter

Wie die ionische Bindung beruht auch die metallische Bindung auf elektrostatischen Wechselwirkungen und damit auf ungerichteten Anziehungskräften. Das Prinzip der bestmöglichen Raumausfüllung gilt damit auch für die Metalle. Zur Beschreibung der Struktur der Metalle ist das Konzept der Kugelpackungen also in besonderer Weise geeignet. Über 80 % aller Metalle kristallisieren in einem von drei typischen Strukturtypen, die auf das Prinzip der Kugelpackungen zurückgeführt werden können. Es sind dies die kubisch dichteste Kugelpackung (Cu-Typ), die hexagonal dichteste Kugelpackung (Mg-Typ) und das kubisch innenzentrierte Gitter (W-Typ) (vgl. auch ▶ Binnewies, Abb. 6.8).

Binnewies, Abb. 6.8

> ❶
> - Metallatome werden in ihren Gittern als starre und nicht polarisierbare Kugeln betrachtet
> - Metallgitter folgen dem Prinzip der bestmöglichen Raumausfüllung, sie können mithilfe von Kugelpackungen beschrieben werden
> - Die dichtesten Kugelpackungen (74 % Raumausfüllung) führen zu einfachen Strukturen der metallischen Elemente: hexagonal dichteste Kugelpackung = Mg-Typ, kubisch dichteste Kugelpackung = Cu-Typ
> - Eine etwas geringerer Packungsdichte (68 % Raumausfüllung) führt zu Ausbildung einer kubisch innenzentrierten Elementarzelle im W-Typ

Mg-Typ

Die Struktur des Magnesium-Typs leitet sich von der hexagonal dichtesten Kugelpackung ab, die Stapelfolge der Schichten ist hier ABAB… Sie kennen das Packungsmotiv von den Strukturen des Wurtzit-Typs (ZnS) sowie des Nickelarsenid-Typs (NiAs). Im Mg-Typ liegen die Atome nur auf den Positionen des Anionen-Teilgitters der ionischen Verbindungen. Die hexagonale Elementarzelle enthält insgesamt zwei Atome (⊙ Abb. 5.1). Innerhalb der Packung ist jedes Atom von zwölf weiteren Atomen koordiniert (sechs in einer Schicht, jeweils drei in den beiden benachbarten Schichten).

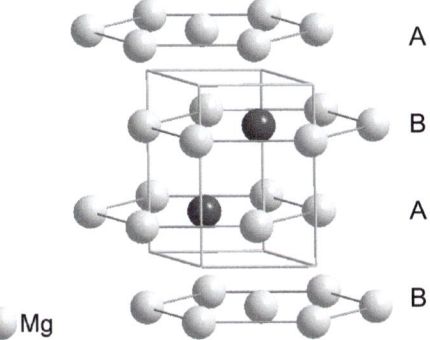

A
B
A
B

Mg

Abb. 5.1 Anordnung der Atome in hexagonalen Schichten mit der Stapelfolge ABAB und Elementarzelle des Magnesium-Typs (Atome innerhalb der Elementarzelle dunkel hervorgehoben)

Cu-Typ

Metalle, die im Cu-Typ kristallisieren, haben eine kubisch dichteste Kugelpackung der Metallatome. Die Atome ordnen sich innerhalb einer Schicht in einem hexagonalen Muster an, die Stapelfolge der hexagonalen Schichten ist ABC. Das Packungsmotiv kommt auch in den Strukturtypen der ionischen Verbindungen Sphalerit (ZnS) und Steinsalz (NaCl) vor. Im Cu-Typ sind allerdings nur die Anionenplätze des Ionengitters besetzt. Aus dieser periodischen Anordnung ergibt sich eine würfelförmige Elementarzelle mit einer zusätzlichen Besetzung der Flächenmitten des Würfels. Wir sprechen von einer kubisch flächenzentrierten Elementarzelle (⊙ Abb. 5.2). In der Elementarzelle liegen vier Atome vor (8/8 auf den Ecken, 6/2 auf den Flächen des Würfels), über die Grenzen des Würfels hinaus hat aber jedes Atom zwölf nächste Nachbarn.

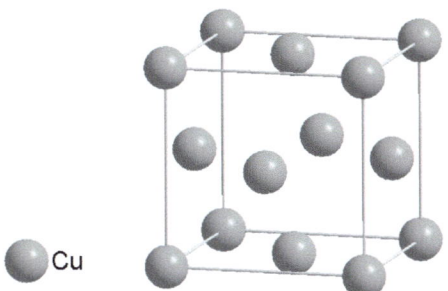

Abb. 5.2 Struktur des Kupfer-Typs

W-Typ

Der Wolfram-Typ der metallischen Strukturen beschreibt eine kubisch innenzentrierte Elementarzelle, d. h. in einem Würfel wird die Würfelmitte durch ein zusätzliches Atom besetzt. Die Elementarzelle enthält zwei Atome (8/8 auf den Ecken, 1 Atom in der Mitte des Würfels). In diesem kubisch innenzentrierten Gitter ist die Koordinationszahl 8, die Raumerfüllung ist mit 68 % geringer als bei den dichtesten Kugelpackungen. Die Koordinationszahl 8 beschreibt dabei die unmittelbar nächsten Nachbarn eines Atoms in der Mitte des Würfels zu den Atomen in den Ecken des Würfels. Die Atome in der Mitte der sechs jeweils benachbarten Elementarzellen sind jedoch nur etwa 15 % weiter entfernt als die Atome auf den Würfelecken. Man spricht in diesem Fall deshalb auch von einer (8 + 6)-Koordination.

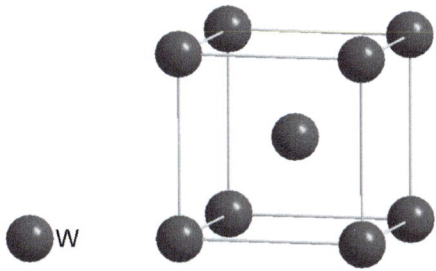

Abb. 5.3 Struktur des Wolfram-Typs

Weitere Strukturtypen von Metallen und Halbmetallen

Die Raumausfüllung kann in metallischen Strukturen weiter abnehmen, wenn die Charakteristik der chemischen Bindung sich wandelt und stärker kovalente Bindungsanteile die Anordnung der Atome bestimmen. Im α-*Polonium-Typ* wird eine kubisch primitive

Elementarzelle gebildet, d. h. die Atome besetzen die Ecken eines Würfels ohne weitere Zentrierungen (⊛ Abb. 5.4). Die Raumausfüllung liegt hierbei bei 52 %. Die Bezeichnung zeigt Ihnen an, dass es sich um einen sehr seltenen Strukturtyp handelt. Mit der hier realisierten Koordinationszahl von sechs wird aber die Systematik der bekannten Strukturtypen der Metalle sinnvoll vervollständigt. Die Struktur von α-Polonium folgt einem Trend der Strukturen von Elementen der Gruppe 16. So bilden Selen und Tellur Ketten von nahezu rechtwinklig miteinander, kovalent verknüpften Atomen. Kommen sich die Ketten näher, werden zusätzliche gerichtete Bindungen zur Nachbarketten aufgebaut. In α-Polonium schließlich bestehen gleichwertige, rechtwinklig angeordnete Bindungen zu allen Nachbaratomen. Im Prinzip ist Polonium ein Metall mit einer stark kovalent geprägten Struktur.

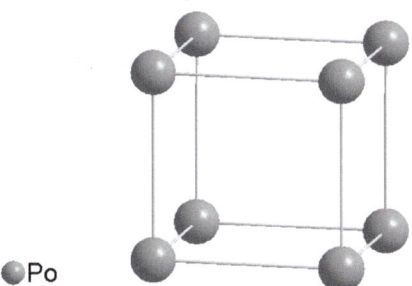

⬤Po

Abb. 5.4 Struktur des α-Polonium-Typs

Eine Reihe von Halbmetallen und halbleitenden Verbindungen kristallisiert im *Diamant-Typ*. Das Prinzip der bestmöglichen Raumausfüllung wird mit einem Wert von 34 % überhaupt nicht mehr erfüllt. Daran erkennen wir, dass der Bindungscharakter vollständig kovalent ist. Die dennoch auftretenden halbleitenden Eigenschaften werden wir im folgenden Abschnitt besprechen. Bei Zinn ist sogar ein Übergang von der halbleitenden in eine metallische Strukturvariante möglich.

Die Diamant-Struktur ist eng mit der Zinkblende-Struktur verwandt, die Positionen der Kationen und Anionen werden mit Kohlenstoff-Atomen als einziger Teilchenart besetzt. Das Diamant-Gitter hat damit eine kubisch flächenzentrierte Elementarzelle, in denen vier Tetraederlücken zusätzlich besetzt sind. Für alle Atome ergibt sich eine Koordinationszahl von vier (⊛ Abb. 5.5, ▶ Binnewies, Abb. 5.25).

Binnewies, Abb. 5.25

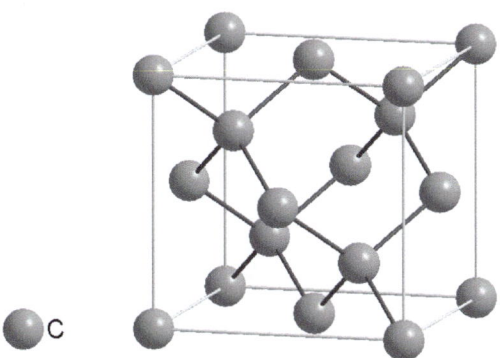

⬤C

Abb. 5.5 Struktur des Diamant-Typs

Einen Überblick über die Strukturtypen von Metallen gibt ⊛ Tab. 5.1.

Tab. 5.1 Strukturtypen von Metallen, Halbmetallen und deren Vertreter

Packungstyp	Koordinationszahl	Strukturtyp	Vertreter
hexagonal dichteste Kugelpackung	12	Magnesium-Typ	Be, Mg, Sc, Y, Ti, Zr, Hf, …
kubisch dichteste Kugelpackung	12	Kupfer-Typ	Ca, Sr, Co, Ni, Pd, Pt, Cu, Ag, Au, Al, …
kubisch dichte Kugelpackung	8	Wolfram-Typ	Gruppe 1, V, Nb, Ta, Cr, Mo, W, Fe, …
kubisch primitive Kugelpackung	6	α-Polonium-Typ	Po
Netzwerkgitter	4	Diamant-Typ	Si, Ge, Sn, (GaAs, ZnSe, CuBr, …)

Fragen

22. Warum führen stärkere kovalente Bindungsanteile zur Verringerung der Koordinationszahl?

23. Worin unterscheiden sich der Kupfer- und der Magnesium-Typ?

5.2   Metalle und Halbleiter

Die charakteristischen Eigenschaften von Metallen sind ihre gute elektrische und thermische Leitfähigkeit sowie das hohe Reflexionsvermögen, das den metallischen Glanz bewirkt. Konzepte zur Beschreibung der chemischen Bindung in Metallen sollten für diese Eigenschaften sinnvolle Erklärungen liefern. Da für Metalle in der Regel die Zahl der Elektronen der äußersten Schale geringer als die Koordinationszahl ist, werden kaum gerichtete Bindungen ausgebildet.

Das Elektronengasmodell

Das einfachste Bindungsmodell für Metalle ist das Elektronengasmodell. Die Metallatome werden demnach leicht ionisiert. Die Metallionen sind in den Gittern als ortsfeste Kugeln geordnet. Die Valenzelektronen werden dagegen vollständig delokalisiert. Die frei beweglichen Elektronen kann man sich als diffuse, gasförmige Teilchen in den Lücken der Packung der Metallionen vorstellen. Wir sprechen deshalb vom Elektronengas. Die chemische Bindung entsteht – ähnlich wie bei den Ionenkristallen – durch die elektrostatische Anziehung unterschiedlich geladener Teilchen (hier die Metallionen und die Elektronen). Wie wir auch aus der Betrachtung der Gitterenergie in Ionenkristallen wissen, nimmt die Coulomb'sche Anziehung signifikant mit der Ladung der Teilchen zu. Stellen wir uns also vor, dass die Metallatome ionisiert werden, so ergeben sich entsprechend der Stellung im Periodensystem formal steigende Ladungen von den Alkalimetallen (z. B. K^+) bis hin zu hoch geladenen Metallionen (V^{5+}, Cr^{6+}). Mit der Ladung steigen die Gitterenergien und folglich auch die Schmelztemperaturen. Der systematische Trend des signifikanten Anstiegs der Schmelztemperaturen der Metalle kann bis zu den Elementen der Gruppe 6 verfolgt werden. Wolfram ist das höchstschmelzende Metall im Periodensystem. Bei den Elementen der folgenden Gruppen fällt die Schmelztemperatur wieder systematisch ab (⊙ Tab. 5.2). Das bedeutet, die Metalle liegen im Elektronengasmodell als Ionen mit niedrigeren Ladungen vor. Dieser Trend findet sich auch bei der Bildung ionischer Verbindungen wieder.

Tab. 5.2 Schmelztemperaturen der Elemente der Gruppen 1 bis 12 (in °C)

1	2	3	4	5	6	7	8	9	10	11	12
K	Ca	Sc	Ti	V	**Cr**	Mn	Fe	Co	Ni	Cu	Zn
63	842	1608	1670	1920	**1860**	1246	1536	1495	1455	1085	420
Rb	Sr	Y	Zr	Nb	**Mo**	Tc	Ru	Rh	Pd	Ag	Cd
39	777	1526	1852	2480	**2620**	2200	2250	1960	1552	962	321
Cs	Ba	La	Hf	Ta	**W**	Re	Os	Ir	Pt	Au	Hg
28	727	920	2230	2990	**3410**	3180	3027	2443	1769	1064	−39

Die gemäß dem Elektronengasmodell im gesamten Metallgitter frei beweglichen Elektronen sind in der Lage, als Ladungsträger den elektrischen Strom zu leiten. Mithilfe des Elektronengasmodells lässt sich sogar die Temperaturabhängigkeit des elektrischen Widerstands erklären: Wird ein Metall erwärmt, werden die Ionen der Metalle durch die zugeführte thermische Energie in Schwingungen versetzt. Dadurch wird die Beweglichkeit der Elektronen eingeschränkt und die elektrische Leitfähigkeit sinkt (der Widerstand steigt). Die Bewegung der Valenzelektronen trägt dabei maßgeblich zur Wärmeleitfähigkeit eines Metalls bei. Schließlich folgen auch die mechanischen Eigenschaften von Metallen (gute Verformbarkeit, Duktilität) der Vorstellung von der Beweglichkeit von Schichten im Kristall ohne einen Bindungsbruch.

Wir sehen, dass das Modell des Elektronengases die Eigenschaften von Metallen recht anschaulich erklären kann – das Prinzip der chemischen Bindung wird damit aber nicht hinreichend beschrieben.

- Das Elektronengasmodell beschreibt die Bindungen in Metallen auf sehr einfache Art als Anziehung positiv geladener Metallrümpfe (Ionen) und frei beweglicher Elektronen.
- Die Eigenschaften der frei beweglichen Elektronen bewirken typische physikalische Eigenschaften von Metallen:
  - metallischen Glanz
  - elektrische Leitfähigkeit
  - thermische Leitfähigkeit
  - Duktilität
  - charakteristische Schmelztemperaturen

Das Bändermodell

Die chemische Bindung in Metallen kann detaillierter mithilfe des Bändermodells erklärt werden. Das Bändermodell nimmt Bezug auf ein Konzept zur Beschreibung kovalenter Bindungen in Molekülen. Dabei werden in einer chemischen Bindung miteinander in Wechselwirkung stehende Atomorbitale zu Molekülorbitalen verknüpft. Eine ausführliche Beschreibung erfolgt bei der Behandlung der Molekülorbital-Theorie (MO-Theorie, vgl. auch ▶ Binnewies, Abschn. 5.11).

Binnewies, Abschn. 5.11

In den dichtesten Kugelpackungen haben die Atome eine Koordinationszahl von 12 – die koordinierenden Atome haben wiederum eine solche Koordinationssphäre. Im Prinzip lässt sich ein Metall also als ein sehr großes Molekül beschreiben, in dem die Orbitale von n Atomen (n ist dabei eine sehr große Zahl) miteinander kombiniert werden. Aufgrund der großen Anzahl miteinander kombinierter Orbitale werden die energetischen Abstände zwischen den unterschiedlichen Energieniveaus so gering, dass sich ein Kontinuum bezüglich der Orbitalenergien bildet (⊛ Abb. 5.6). Dieses Kontinuum wird als ein Band bezeichnet. Die Besetzung der Bänder erfolgt mit den Valenzelektronen des Metalls.

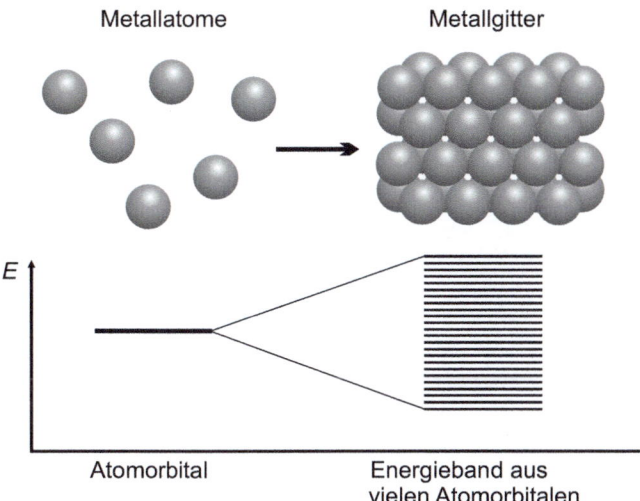

Abb. 5.6 Bildung eines Bandes von Energieniveaus bei der Kondensation von Metallatomen in Metallgittern

Die gute elektrische Leitfähigkeit der Metalle ist im Bändermodell wie folgt zu erklären: Innerhalb eines unvollständig gefüllten Bandes können die Elektronen aus dem Grundzustand leicht in nicht besetzte elektronische Zustände überführt werden, da sich die Orbitalenergien im Band ja kontinuierlich ändern. Diese Elektronen können sich dann frei innerhalb des gesamten Bandes bewegen und ermöglichen so einen Stromfluss. Die Wärmeleitfähigkeit der Metalle ist in gleicher Weise auf die im Band frei beweglichen Elektronen zurückzuführen.

Die optischen Eigenschaften von Stoffen resultieren aus der Wechselwirkung elektromagnetischer Strahlung mit Elektronen. Die Lichtemission wird in Form eines Linienspektrums beobachtet, wenn Elektronen von einem diskreten Energieniveau auf ein anderes übergehen. Aufgrund der großen Anzahl an Energieniveaus gibt es in einem Metall aber eine fast unendliche Zahl möglicher Übergänge. Die Atome an der Metalloberfläche können deshalb Licht jeder Wellenlänge absorbieren. Sie geben beim Übergang in den Grundzustand dann entsprechend wieder Licht derselben Wellenlänge ab. Auf diese Weise kann mit dem Bändermodell das Reflexionsvermögen der Metalle erklärt werden.

Halbleiter

Die aus den Atomorbitalen generierten Bänder können eine unterschiedliche Lage zueinander haben. Das aus besetzten Orbitalen gebildete Band bezeichnet man als *Valenzband*, das im Grundzustand elektronenfreie Band als *Leitungsband*. Sind beide Bänder energetisch voneinander getrennt, bezeichnet man die Energiedifferenz als *Bandlücke* (◉ Abb. 5.7).

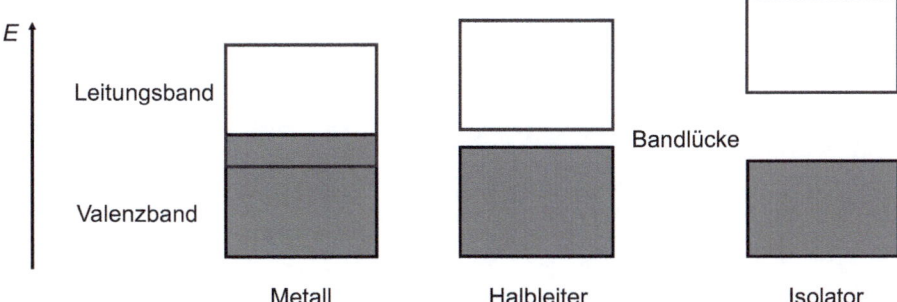

Abb. 5.7 Schematische Darstellung der Anordnung der Energiebänder in Metallen, Halbleitern und Isolatoren

Auf diese Weise kann man erklären, welche Stoffe metallische Eigenschaften haben und in welchen Stoffen Eigenschaften von Halbleitern auftreten. In **Metallen** überlappen sich die Energiebereiche von Valenzband und Leitungsband, die Elektronen können ohne weiteres aus dem Valenzband in das Leitungsband wechseln und sich darin frei bewegen.

Bei typischen Nichtmetallen liegen das Valenz- und das unbesetzte Leitungsband in einem großen energetischen Abstand zueinander – die Bandlücke ist groß. Das ist das Ergebnis einer gerichteten chemischen Bindung mit niedriger Koordinationszahl. So werden weniger Atomorbitale kombiniert und die Bänder werden schmaler. Für die Anregung der Elektronen vom Valenz- in das Leitungsband steht keine ausreichend hohe (thermische) Energie zur Verfügung, sodass die Stoffe den elektrischen Strom nicht leiten können – sie sind **Isolatoren**.

Bei einigen Stoffen ist die Bandlücke zwischen dem Valenz- und dem Leitungsband hinreichend klein, sodass Elektronen mit ausreichender Anregungsenergie vom Valenz- ins Leitungsband wechseln können. Die Elektronen sind nicht grundsätzlich frei beweglich, sondern bedürfen immer der Anregung. Wir sprechen hierbei von **Halbleitern**. Wird die Energie der thermischen Anregung größer, steigt die Anzahl der Ladungsträger im Leitungsband an. Auf diese Weise erhöht sich die elektrische Leitfähigkeit mit der Temperatur – im Gegensatz zu den Metallen. Die absolute Leitfähigkeit der Halbleiter bleibt dennoch weit geringer als die der Metalle.

Man unterscheidet typische Elementhalbleiter (Si, Ge, Sn, Se, Te), anorganische Verbindungshalbleiter (wie GaAs, ZnSe) sowie organische Halbleiter. Bei den anorganischen Verbindungshableitern findet sich überwiegend das Strukturmotiv des Sphalerit-Typs (kubisches ZnS) bzw. Diamant-Typs wieder. Die Verbindungen werden entsprechend ihrer Zusammensetzung aus Elementen verschiedener (Haupt-)Gruppen als III/V- (z. B. GaAs), II/VI- (ZnSe) oder I/VII-Halbleiter (CuBr) bezeichnet. Dabei werden ausgehend von den Elementhalbleitern der Gruppe 14 aufgrund der steigenden Elektronegativitäts-differenzen zunehmend ionische Wechselwirkungen aufgebaut. Die Bandlücke vergrößert sich systematisch (◦ Tab. 5.3).

Tab. 5.3 Eigenschaften isoelektrischer Feststoffe vom Diamant- bzw. Zinkblende-Typ

Stoff	Gitterkonstante der Elementarzelle (in pm)	Differenz der Elektronegativität	Größe der Bandlücke (in eV)
Ge	566	0,0	0,67
GaAs	565	0,4	1,42
ZnSe	567	0,8	2,70
CuBr	569	0,9	2,91

Häufig wird die Bandlücke in der auf ein Teilchen bezogenen Einheit Elektronenvolt (eV) angegeben. Der Wert bezeichnet die Energiemenge, um welche die kinetische Energie eines Elektrons zunimmt, wenn es eine Beschleunigungsspannung von einem Volt durchläuft. Der auf ein Mol bezogene Wert ergibt sich durch Multiplikation mit der Avogadro-Konstante: $1\,\text{eV} \cdot N_A = 96{,}4853\,\text{kJ} \cdot \text{mol}^{-1}$.

Mit der Bandlücke korrespondieren gleichzeitig die optischen Eigenschaften der halbleitenden Stoffe: Fällt ein Elektron aus dem Leitungsband in das Valenzband (den Grundzustand) zurück, wird elektromagnetische Strahlung mit dem Energiewert der Bandlücke emittiert. Materialien mit einer Bandlücke von mehr als 3,5 eV emittieren im Bereich des UV – die Stoffe sehen für uns weiß aus. Zwischen 3,5 und etwa 1,5 eV werden die Spektralbereiche des sichtbaren Lichts emittiert (◦ Tab. 5.4). Wird die Bandlücke kleiner, erscheinen selbst Halbleiter metallisch. So hat Silicium eine Bandlücke von 1,1 eV, zeigt als Einkristall aber einen typischen metallischen Glanz.

Tab. 5.4 Zusammenhang zwischen der Größe der Bandlücke und den optischen Eigenschaften von Halbleitern

Energiebereich (ca.) (in eV)	Spektralbereich	Beispiel	Bandlücke (in eV)
>3,5	UV	AlN	6,2
3,0 … 3,5	Violett	GaN	3,37
2,5 … 3,0	Blau	ZnSe	2,70
2,0 … 2,5	Gelb/Grün	GaP	2,26
1,5 … 2,0	Rot/Orange	CdSe	1,74
<1,5	IR (Schwarz)	GaAs	1,42
		Ge	0,67

Dotierung von Halbleitern

Halbleiter bestimmen zu einem großen Teil die Funktionalität moderner Rechen- und Kommunikationstechnik. Die Funktion eines elektronischen Bauteils hängt dabei u. a. von der Größe der Bandlücke und der Art des Übergangs der Elektronen ab. Die Bandlücke eines Stoffes können wir gezielt variieren, indem wir Atome eines anderen Elements mit leicht veränderter Elektronenstruktur in das Gitter einbauen. Bei geringen Mengenanteilen des Fremdatoms spricht man von Dotierung. Die Dotierung hat im Wesentlichen Einfluss auf die Lage der Bänder zueinander. Dabei können wir uns prinzipiell vorstellen, dass die Bandlücke kleiner wird, wenn entweder das Valenzband in seiner Energie angehoben oder das Leitungsband in seiner Energie abgesenkt wird. Durch die Absenkung der Energie der Bandlücke stehen in dotierten Materialien mehr Ladungsträger für die elektrische Leitung zur Verfügung, die Leitfähigkeit ist bedeutend besser. Die Leitungsmechanismen unterscheiden sich darin, ob durch die Dotierung ein Elektronenüberschuss erzeugt (n-Leitung) oder Elektronenmangel (p-Leitung) bewirkt wird.

Silicium ist gegenwärtig das wichtigste Halbleitermaterial. Die Dotierung von Silicium kann durch ein Element der Gruppe 15 (z. B. Arsen) erfolgen. Aufgrund der geringen Zahl der dotierenden Atome bleibt die Struktur von Silicium (Diamant-Typ) vollständig erhalten, die Arsen-Atome nehmen einen Platz im Si-Gitter ein. Auf diese Weise ist das Arsen-Atom durch vier Bindungen mit den Si-Nachbarn verknüpft. Als Element der Gruppe 15 ($ns^2\,np^3$) hat Arsen fünf Valenzelektronen, von denen nur vier in einer chemischen Bindung zu Si-Atomen fixiert sind. Ein Valenzelektron des Arsens bleibt ungebunden und kann sich über das gesamte Gitter frei bewegen. Einen solchen dotierten Halbleiter mit delokalisierten Elektronen bezeichnet man als **n-Halbleiter**, wobei n für negativ (Elektronen) steht (▶ Binnewies, Abb. 6.6).

Binnewies, Abb. 6.6

In ähnlicher Weise kann Silicium mit einem Element aus der Gruppe 13 dotiert werden. Erfolgt die Dotierung beispielsweise durch Indium, nehmen die Indium-Atome einen Platz im Si-Gitter ein und werden durch vier Bindungen mit den Si-Nachbarn verknüpft. Als Element der Gruppe 13 ($ns^2\,np^1$) hat Indium allerdings nur drei Valenzelektronen. Für die Bindung zu Silicium fehlt damit ein Elektron – es bildet sich ein Defektelektron oder Elektronenloch. Dieses Defektelektron ist nicht an das Dotierungsatom gebunden sondern über das gesamte Gitter mit gleicher Wahrscheinlichkeit delokalisiert. Einen so dotierten Halbleiter bezeichnet man als **p-Halbleiter**. p steht hier für positiv. Dieser Leitfähigkeitsmechanismus wird auch Löcherleitung genannt.

p/n-Übergang

Viele elektronische Bauelemente erreichen ihre Funktionalität durch die Kombination von n-dotierten und p-dotierten Halbleitermaterialien. An der Grenzfläche zwischen beiden

Schichten werden die Elektronen in einem so genannten p/n-Übergang gezielt in ihrer Bewegung beeinflusst: Die frei beweglichen Elektronen der n-Schicht können dabei die Elektronenlöcher der p-Schicht besetzen. In einem kleinen Bereich zwischen der n- und der p-Schicht kommt es dadurch zu einem Verlust an Ladungsträgern, die Leitfähigkeit sinkt drastisch, es entsteht eine sogenannte Sperrschicht (▶ Binnewies, Abb. 6.7).

Binnewies, Abb. 6.7

In Dioden (Gleichrichtern) wird die Sperrschicht verstärkt, wenn der negative Pol mit dem p-dotierten und der positive Pol mit dem n-dotierten Halbeiter verbunden ist. Die Leitfähigkeit an der Grenzschicht wird damit unterbunden. Kehrt sich die Polung um, werden zusätzliche Ladungsträger in der Sperrschicht bereitgestellt und die p/n-Schicht wird elektrisch leitend. Ein solches p/n-Element lässt den Strom also nur in eine Richtung durch, aus Wechselstrom kann Gleichstrom erzeugt werden.

Kompliziertere Schaltungen mit Kombination von zwei p/n-Übergängen führen zu Verstärker- bzw. Schaltelementen, den *Transistoren*. Integrierte Schaltungen in Mikroprozessoren für PCs und mobile Endgeräte enthalten heute mehrere Millionen Transistoreinheiten. Der Transistoreffekt in Halbleitern wurde in den 1920er-Jahren entdeckt und seit den 1940er-Jahren auf der Basis von Germanium zur technischen Reife entwickelt. In den 1960er-Jahren wurde Germanium durch das preiswertere und zum Teil stabilere Silicium ersetzt.

---

❶

- Das **Bändermodell** beschreibt die Bindungen in Metallen auf der Grundlage der Molekülorbital-Theorie. Durch Kombination einer Vielzahl von Atomorbitalen werden Bänder mit kontinuierlichen Orbitalenergien gebildet.
- **Metalle** sind Stoffe ohne energetische Barriere (Bandlücke) zwischen dem Valenzband und dem Leitungsband, die Elektronen sind im Leitungsband frei beweglich.
- **Halbleiter** sind Stoffe mit einer kleinen Bandlücke. Die Elektronen können durch Anregung in das Leitungsband gelangen und eine elektrische Leitfähigkeit des Materials verursachen.
- **Isolatoren** sind Stoffe mit einer großen Bandlücke. Die Elektronen können die Energiedifferenz zwischen Valenz- und Leitungsband nicht überwinden. Die Stoffe sind nicht elektrisch leitend.

Fragen

24. Warum können die Elektronen in einem Band kontinuierliche Werte der Orbitalenergien annehmen?

25. Warum zeigen Metalle und Halbleiter ein umgekehrtes Verhalten bei der Temperaturabhängigkeit der elektrischen Leitfähigkeit?

Zusammenfassung

6

Elektronegativität   Fähigkeit eines Atoms, in einer chemischen Bindung Elektronen anzuziehen

Ionenbindung   elektrostatische Wechselwirkungen geladener Teilchen (Ionen), Coulomb'sches Gesetz

Dichteste Kugelpackungen

hexagonal dichteste Packung: Schichtenfolge ABAB …
kubisch dichteste Packung: Schichtenfolge ABCABC …

Lücken in dichtesten Kugelpackungen

Tetraederlücke: Koordinationszahl 4,
           Radienquotient $r_+/r_- = 0{,}225\text{--}0{,}414$
Oktaederlücke: Koordinationszahl 6,
           Radienquotient $r_+/r_- = 0{,}414\text{--}0{,}732$
Würfellücke: Koordinationszahl 8, Radienquotient $r_+/r_- = 0{,}732\text{--}1$

Gittertypen bei Ionenverbindungen

AB-Verbindungen
ZnS: Besetzung von Tetraederlücken der kubisch dichtesten (Zinkblende-Typ) oder der hexagonal dichtesten Kugelpackung (Wurtzit-Typ),
NaCl: Besetzung von Oktaederlücken der kubisch dichtesten Kugelpackung (Steinsalz-Typ)
NiAs: Besetzung von Oktaederlücken der hexagonal dichtesten Kugelpackung (Nickelarsenid-Typ)
CsCl: Besetzung von Würfellücken (Caesiumchlorid-Typ)

AB_2-Verbindungen
SiO_2: Besetzung von Tetraederlücken (Cristobalit-Typ)
TiO_2: Besetzung von Oktaederlücken (Rutil-Typ)
CaF_2: Besetzung von Würfellücken (Fluorit-Typ)

Elektronengas   In einem Metall sind nur die Rumpfelektronen an den Atomen lokalisiert. Die Valenzelektronen sind dagegen im Kristall frei beweglich. Man spricht deshalb von einem Elektronengas und erklärt so anschaulich die elektrische Leitfähigkeit. Die Leitfähigkeit sinkt mit steigender Temperatur.

Gitterstrukturen bei Metallen

Die meisten Metalle kristallisieren in der kubisch (Cu-Typ) bzw. hexagonal dichtesten Kugelpackung (Mg-Typ) oder im kubisch innenzentrierten Gitter (W-Typ).

Bändermodell   Das Bändermodell beruht auf einer quantenmechanischen Beschreibung der Bindung in Festkörpern: Ein Metall wird dabei als ein aus sehr vielen Atomen bestehendes Molekül aufgefasst. Als Folge des Pauli-Verbots bilden sich aus den Atomorbitalen zahlreiche energetisch sehr eng benachbarte Molekülorbitale, die man gemeinsam als

ein Band bezeichnet. Man unterscheidet zwischen Valenzband und Leitungsband. Die Elektronen in einem Band haben keine bestimmte Energie; sie können vielmehr jeden beliebigen Energiezustand innerhalb der Bandbreite aufweisen.

Metalle/Halbleiter/Isolatoren

Bei einem Metall überlappen sich das Valenzband und das Leitungsband. Eine Folge ist die hohe elektrische Leitfähigkeit.

In einem Halbleiter haben Valenz- und Leitungsband einen bestimmten Abstand. Der Bandabstand wird meist in Elektronenvolt (eV) angegeben. Bei Energiezufuhr (Licht, Wärme) gelangen Elektronen vom Valenzband in das unbesetzte Leitungsband. Die elektrische Leitfähigkeit steigt mit der Temperatur. Der wichtigste Halbleiter ist elementares Silicium mit einem Bandabstand von 1,1 eV bei Raumtemperatur.

In einem Isolator ist der Bandabstand so groß, dass auch durch Energiezufuhr keine Elektronen vom Valenzband in das Leitungsband gelangen.

Dotierung in Halbleitern

Ersetzt man in Silicium einen sehr kleinen Anteil der Silicium-Atome durch Arsen-Atome, so werden vier Valenzelektronen des Arsen-Atoms für die Bindungen zu den vier Nachbaratomen benötigt. Das fünfte Elektron bleibt nicht am Arsen-Atom lokalisiert, es ist im Gitter frei beweglich und bewirkt eine gewisse elektrische Leitfähigkeit. Ein so dotierter Halbleiter heißt n-Halbleiter, da hier negativ geladene Elektronen als Ladungsträger auftreten.

Erfolgt die Dotierung mit Atomen aus der vorangehenden Gruppe, können beispielsweise Indium-Atome nur drei Bindungen zu den vier Nachbaratomen ausbilden. Das so gebildete Elektronenloch wird durch ein Bindungselektron eines benachbarten Silicium-Atoms gefüllt. Das Elektronenloch wird frei beweglich, es ist als positiver Ladungsträger im Gitter delokalisiert. Man spricht von einer p-Dotierung. Kontaktiert man einen n-Halbleiter mit einem p-Halbleiter, entsteht ein p/n-Übergang. p/n-Übergänge sind die Grundlage moderner Elektronik.

Serviceteil

A.1 Literatur

Binnewies M, Finze M, Jäckel M, Schmidt P, Willner H, Rayner-Canham G (2015) Allgemeine und Anorganische Chemie. Springer, Heidelberg

Latscha H P, Klein H A, Mutz M (2011) Allgemeine Chemie, Chemie-Basiswissen I. Springer, Heidelberg

Mortimer C E, Müller U (2014) Chemie: Das Basiswissen der Chemie. Thieme, Stuttgart

Wenn Sie über die Inhalte und Exkurse im Binnewies hinaus gehende Informationen erhalten möchten, können Sie weiterführende Spezialliteratur oder die wissenschaftliche Originalliteratur nutzen. Das Literaturverzeichnis im Binnewies bietet dazu gute Ausgangspunkte.

A.2 Glossar

Die wichtigsten Begriffe im Überblick

Anion   Negativ geladenes Teilchen.

Born-Haber-Kreisprozess   Bestimmung der Gitterenergie über Teilschritte bei der Bildung von Ionenkristallen.

Elektronegativität   Fähigkeit eines Atoms, innerhalb einer chemischen Bindung Elektronen anzuziehen.

Elektron   Negativ geladenes Elementarteilchen.

Elementarzelle   Kleinstmöglicher Baustein eines kristallinen Feststoffs mit vollständiger Information über seinen inneren Aufbau.

Gitterenergie   Energieänderung bei der Bildung eines kristallinen Feststoffes aus den gasförmigen Ionen.

Halbleiter   Stoff mit einer kleinen Bandlücke.

Hexagonal dichteste Kugelpackung   Anordnung von Schichten in einer Stapelfolge ABAB …

Ionenbindung   Ungerichtete, elektrostatische Anziehung unterschiedlich geladener Ionen.

Ionenbindungscharakter   Polarität der chemischen Bindung in Ionenkristallen.

Ionengitter   Periodische Anordnung der Ionen im Raum.

Ionenradien   Mittlerer Radius eines Ions in kristallinen Feststoffen.

Isolator   Stoff mit einer großen Bandlücke.

Kation   Positiv geladenes Teilchen.

Koordinationszahl   Anzahl der umgebenden Teilchen um ein Atom.

Kovalente Bindung   Gerichtete Bindung durch Bildung gemeinsamer Elektronenpaare.

Kubisch dichteste Kugelpackung   Anordnung von Schichten in einer Stapelfolge ABC …

Kugelpackung   Anordnung gleich großer, starrer Kugeln in einem Volumenelement.

Madelung-Konstante   Zahlenwert für den Einfluss koordinierender Ionen auf die Gitterenergie für charakteristische Strukturtypen.

Metall   Stoff ohne Bandlücke zwischen Valenz- und Leitungsband.

Metallische Bindung   Ungerichtete, elektrostatische Anziehung von Metallionenrümpfen und Elektronen.

Mulliken-Skala   Elektronegativitätswerte, bestimmt aus Elektronenaffinitäten und Ionisierungsenergien.

Oktaederlücke   Lücke in einer dichtesten Kugelpackung mit sechs Nachbaratomen.

Pauling'sche Skala   Elektronegativitätswerte, bestimmt anhand von Bindungsenergien.

Polarisierung   Abweichung der Elektronendichteverteilung von der Kugelform des idealen Anions.

Polyeder   Geometrische Gestalt der chemischen Umgebung, abhängig von der Koordinationszahl.

Skala nach Allred und Rochow   Elektronegativitätswerte, bestimmt anhand effektiver Kernladungen.

Strukturtyp   Namensgebender Vertreter mit typischen Strukturmerkmalen, häufig ein Mineral.

Tetraederlücke   Lücke in einer dichtesten Kugelpackung mit vier Nachbaratomen.

Würfellücke   Lücke in einer dichten Kugelpackung mit acht Nachbaratomen.

A.3   Antworten

1. Elektronegativität ist die Fähigkeit eines Atoms, in einer chemischen Bindung Elektronen an sich zu ziehen.

2. Fluor hat die höchste Elektronegativität, weil es von allen Elemente die Elektronen am stärksten anzieht.

3. KBr: ionisch, CaO: ionisch, SO_3: kovalente Bindung, P_2O_5: kovalente Bindung, $AuCu_3$: metallische Bindung.

4. Titan: Ti^{4+}, Niob: Nb^{5+}, Wolfram: W^{6+}.

5. Lithium vs. Kalium: Ein Kation wirkt umso stärker polarisierend, je kleiner es ist (hier Li^+).

6. Oxid-Anion (O^{2-}) vs. Selenid-Anion (Se^{2-}): Ein Anion wird umso leichter polarisiert, je größer es ist (hier Se^{2-}).

7. Silberhalogenide vs. Natriumhalogenide: Die Polarisierung ist stärker, wenn das Kation keine Edelgaskonfiguration hat (hier Ag^+).

8. $K^+ + I^- \to KI$, $Ba^{2+} + I^- \to BaI_2$, $Sc^{3+} + I^- \to ScI_3$, $Li^+ + O^{2-} \to Li_2O$, $Sr^{2+} + O^{2-} \to SrO$, $Y^{3+} + O^{2-} \to Y_2O_3$, $Na^+ + N^{3-} \to Na_3N$, $Mg^{2+} + N^{3-} \to Mg_3N_2$, $Ti^{3+} + N^{3-} \to TiN$.

9. Elementarzelle: kleinste translatorische Einheit mit der höchstmöglichen Symmetrie.

10. Dichteste Kugelpackungen: Koordinationszahl 12.

11. Kubisch-flächenzentrierte Elementarzelle: 4 Atome.

12. Lücken in Kugelpackungen: in der Regel die kleineren Teilchen – also die Kationen.

13. Polyeder: definierte geometrische Form („Vielflächner"), kennzeichnet die räumliche Umgebung eines Atoms durch die jeweils andere Atomsorte.

14. Koordinationszahl 4: Tetraeder, Koordinationszahl 6: Oktaeder, Koordinationszahl 8: Würfel.

15. Besetzung aller Oktaederlücken: AB (NaCl oder NiAs-Typ).

16. Tetraederlücken der hexagonal dichtesten Kugelpackung: Verknüpfung der Tetraederflächen führt zu starken Abstoßungskräften der Ionen in den Lücken.

17. CsCl-Typ: Die Radien sind ungefähr gleich groß.

18. Schichtverbindungen: An den äußeren Enden der Schichten liegen gleichartige Ionensorten vor. Damit es nicht zur Abstoßung der gleichartigen Ladungen kommt, müssen die Atome zusätzlich kovalent verknüpft werden.

19. Anti-Fluorit-Typ: Li_2O, die Oxid-Ionen bilden das Gitter, die Lithium-Kationen sitzen in den Tetraederlücken.

20. Madelung-Konstante: Summe der elektrostatischen Wechselwirkungen im Umfeld eines Ionenpaares, Ausdruck der relativen Stabilität des Ionenkristalls.

21. MgF_2: $T_m = 1263\,°C$; ein zweiwertiges Kation und ein einwertiges Anion haben stärkere elektrostatischen Anziehung als die Natriumhalogenide, aber schwächere als die Erdalkalimetalloxide.

22. Kovalente Bindungen sind gerichtet. Die Ausrichtung entlang einer begrenzten Anzahl von Orbitalen führt zu einer Verringerung der Koordinationszahl.

23. Sowohl der Kupfer- als auch der Magnesium-Typ resultieren aus der dichtesten Packung von Atomen. Im Kupfertyp erfolgt eine Stapelung der Schichten in der Abfolge ABC, im Magnesiumtyp in der Folge AB.

24. Ein Metall lässt sich als sehr großes Molekül beschreiben, in dem die Orbitale von n Atomen miteinander kombiniert werden. Aufgrund der großen Anzahl der kombinierten Orbitale werden die energetischen Abstände zwischen den unterschiedlichen Energieniveaus so gering, dass sich ein Kontinuum bezüglich der Orbitalenergien bildet.

25. Bei Halbleitern ist die Bandlücke klein, sodass Elektronen durch Anregung vom Valenz- ins Leitungsband wechseln können. Wird die Energie der thermischen Anregung größer, steigt die Anzahl der Ladungsträger im Leitungsband an – die Leitfähigkeit steigt. In Metallen sinkt die Leitfähigkeit mit zunehmender Temperatur, da die Ladungsträger vermehrt miteinander kollidieren.

Printed by Printforce, the Netherlands